轻松玩游戏，快乐学数学

Fun Maths

趣味数学

精装版

刘晨 主编

江西美术出版社
全国百佳出版单位

图书在版编目（CIP）数据

趣味数学 : 精装版 / 刘晨主编 . -- 南昌 : 江西美术出版社, 2017.1（2021.7 重印）
（学生课外必读书系）
ISBN 978-7-5480-4985-2

Ⅰ . ①趣… Ⅱ . ①刘… Ⅲ . ①数学－少儿读物 Ⅳ . ① O1-49

中国版本图书馆 CIP 数据核字 (2016) 第 259756 号

出 品 人：汤 华
责任编辑：刘 芳 廖 静 陈 军 刘霄汉
责任印制：谭 勋
书籍设计：施凌云 吴秀侠

江西美术出版社邮购部
联系人：熊 妮
电话：0791-86565703
QQ：3281768056

学生课外必读书系
趣味数学：精装版 刘晨 主编
出版：江西美术出版社
社址：南昌市子安路66号 邮编：330025
电话：0791-86566274
发行：010-88893001
印刷：三河市春园印刷有限公司
版次：2017年1月第1版
印次：2021年7月第3次印刷
开本：720mm × 1020mm 1/16
印张：12
ISBN 978-7-5480-4985-2
定价：58.00元

前言

亲爱的读者：

你知道50年后你的生日是星期几吗？

小蜜蜂的房子为什么是六边形的？

为什么车轮是圆的？

用数学怎么计算世界末日？

商家中的有奖销售背后有什么阴谋呢？

在一次足球比赛中，如何在只知道最后结果的情况下，猜出各个球队的进球情况？

电影院里，不用数就知道最后一排有多少个座位？

饭店经营中的数学秘诀是什么？

预言家凭什么未卜先知？

决策者靠什么运筹帷幄？

……

《趣味数学：精装版》将带你进入奇妙的数学世界，让你了解生动有趣的数学知识。这里面不再是枯燥的数字和公式，而是以小故事、趣味推理、生活现象等多种形式为内容，让你领略数学的无穷魅力，它能更好地帮助你理解数学知识，让你掌握打开数学王国大门的钥匙，调动你全部的学习兴趣，培养你利用已会知识作为“工具”，解决问题的学习能力。

本书以思维发展为切入点，从认知情趣出发，融欣赏、操作、游戏、学习、应用于一体。探索从形入手，数形结合的数学学习模式，发掘大脑的潜能，享受玩中学的快乐，让你远离枯燥的数学学习模式。通过游戏、故事与智力训练将数学知识、数学思想、数学方法巧妙地结合起来，使数学不再那么乏味和单调，让你体会到数学的趣味性，从而提高了对数学学习的兴趣。其选材涉猎广泛，材料丰富、翔实，文笔流畅，内容生动、有趣、有益，读来引人入胜。不但包括数字、图形、度量衡等数学知识，还有一些时间、可能性、理财等方面的数学应用，让你在简单的数学活动中，体味理解深奥、抽象的数学知识。其版式新颖，并配以活泼有趣的插图，以及趣味十足的数学知识小游戏、小问题，在启发思维、激发想象力、开发创造力的同时，带你享用像巧克力、薯条那样美味的快乐数学大餐！

第一章 漫游数字王国

第二章 看图形“72”变

第三章 让人眼花缭乱的度量衡

第四章 做个理财小专家

第五章 学会合理安排时间

第六章 关于可能性的生活测试

第七章 大话数学

第一章

漫游数字王国

离家出走的“0”

多多带着斑斑来到数字王国，众数列队欢迎。多多与 1、2、3、…、8、9 一一握了手，唯独没理“0”。“0”很生气：“虽然我表示‘没有’，但我也是存在的呀，既然大家都瞧不起我，那我还不如离开这里。”就这样，“0”离家出走了……

没有“0”的日子里……

镜头1

多多手里拿着 55 元钱非常生气地来质问斑斑：“我明明借给你 505 元，你怎么就还我 55 元呢？”斑斑一脸无辜的样子，说：“喏，你看，欠条上写的就是 55 元哪！”“不会吧？”多多仔细看了看欠条，确实是 55 元，多多这才想起“0”被自己气走了。

镜头2

卖冰箱的商店门口挤满了顾客，大家都要求退货，原因是放到冰箱里的冰棍全都化成了水。商店的老板这下可赔大了，不但冰箱全部退货，还得赔偿顾客的损失。原来冰箱没法调到 0 ℃和 0 ℃以下了……

镜头3

“砰！”只听一声枪响，田径赛场上马上混乱了，运动员们纷纷乱跑，因为赛道上没有了“0”起点，运动员们不知道该从哪儿开始跑。

看来没有“0”还真不行，真不该把“0”气走了！

名师讲堂

多多借给斑斑的 505 元，一下少了 505−55=450（元），这下他才真正意识到“0”的重要性。“0”是自然数中的第一个数，其实它的最初含义就是“没有”。古人认为既然什么也没有，就不必专门确定一个符号。后来，人们用位值制记数时经常会碰到缺位的数，比如 505，怎么表示中间的空位呢？

0 是整数系统中一个重要的数。它是最小的自然数，是介于正数和负数之间唯一的数。在加法里，$n+0=n$；在乘法里，$n\times0=0$；在除法里，0 不能做除数。在计量时，数 0 表示“没有”，有时还用来表示某种量的基准，如摄氏温度计上的冰点，就记作 0℃。在位值制记数法中，数码 0 用来表示某一数位的空位。

多多的数学小锦囊

印度人的一项伟大发明

用圆圈符号表示零是印度人的一项伟大发明，现存最早使用该符号的是公元 9 世纪印度瓜廖尔的一块石碑。大约在 11 世纪，10 个完整的印度数码才发展成熟。印度人不仅把 0 看作记数法中的空位，也看作可进行运算的一个特殊的数。12 世纪初，印度数码传入欧洲，但罗马教皇下令禁止任何人使用 0 记数。由于 0 给记数和运算带来极大的方便，后来 0 终于通行于欧洲，而罗马数字却渐渐被淘汰了。

不可小觑的小数

小数在我们的生活中随处可见——超市里的标价牌上、体检表上、公路旁的指示牌上……如果没有小数，生活可就麻烦了！

多多拿着超市的购物小票：“这么多小数，计算起来多麻烦哪，所有的小数都四舍五入成整数不是更好？”

正常的小票 —四舍五入后→ 没有小数的小票

XXX 超市		XXX 超市	
××× 饭盒 4 号	51. 88 元	××× 饭盒 4 号	52 元
×× 大筒装薯片	11. 68 元	×× 大筒装薯片	12 元
×× 鲜牛奶 250mL	3.90 元	×× 鲜牛奶 250mL	4 元
××× 朗姆预调酒	11. 80 元	××× 朗姆预调酒	12 元
×× 方便面 5 袋装	15. 60 元	×× 方便面 5 袋装	16 元
×××3 层印花抽纸	14. 50 元	×××3 层印花抽纸	15 元
×× 棒棒糖牛奶口味	6. 80 元	×× 棒棒糖牛奶口味	7 元
塑料环保型购物袋大号	0. 50 元	塑料环保型购物袋大号	1 元
合计	116. 66 元	合计	119 元
现金	120. 00 元	现金	120 元
找零	3. 34 元	找零	1 元
17: 00: 26 3-25-2014		17: 00: 26 3-25-2014	
谢谢惠顾，欢迎光临		谢谢惠顾，欢迎光临	

原来超市都喜欢把 6 和 8 这样吉祥的数放在小数位置上，或者用接近 1 元的小数显得价钱更便宜。唉，没有小数来表示比 1 小的部分的话，还真是会亏很多钱呢！

自然数和小数的关系

想要区分自然数和小数很简单，只要看一看有没有小数点就行啦！

2 是自然数，可是用 2.0 来表示的话，虽然它们的大小是相等的，但是 2.0 是小数。小数点后面的数字代表比 1 小的部分。不过，表示比 1 小的数我们已经有分数了，为什么还需要小数呢？

这是因为小数运用起来更加方便，更加一目了然。

分数之间的比较很麻烦，如果把分数转化成小数，再来比较，结果就会变得一目了然了。

怎么将分数转化成小数呢？其实很简单，只要把分数线看成除号，用分子除以分母，就可以把分数变成小数啦！

【计算链接】

妈妈给多多$\frac{9}{4}$元钱，爸爸给多多$\frac{8}{5}$元钱，谁给多多的零用钱多?

计算过程：

妈妈给多多的零用钱转化成小数，可以表示为 2.25 元；

爸爸给多多的零用钱转化成小数，可以表示为 1.6 元。

很明显，$2.25 > 1.6$，因此妈妈给多多的零用钱多。

多多认识生活中的分数

什么是分数

当我们需要把一个或者几个物体平均分成几份时，由于无法用整数表示，于是人们便发明了分数。分数，顾名思义，就是用来分东西的数嘛！

分数的结构：

$$\frac{1}{2}$$

- 分子：表示被分的物体
- 分数线：隔开分子和分母
- 分母：用来表示总共分成了多少份

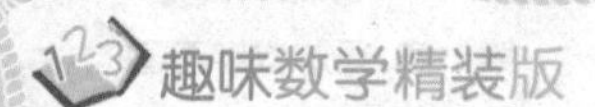

怎么用分数分东西

用分数分东西的方法可不是单一的，从古到今可是发生了不少变化呢！

古埃及人的分橙子法

埃及和中国一样，也是文明古国之一，甚至比中国的文明史还要长很多。所以他们也为人类的文明做出了不少贡献，分数的发明就是其中之一。但是埃及的分数，所有的分子都是 1，只是分母不同而已。

古埃及分数的表示方法：

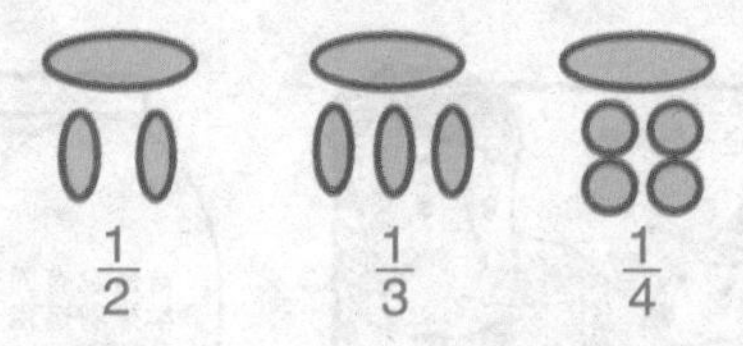

古埃及人把 9 个橙子分给 10 个人，每个人可以分到$\frac{1}{3}+\frac{1}{4}+\frac{1}{5}+\frac{1}{12}+\frac{1}{30}$个橙子。

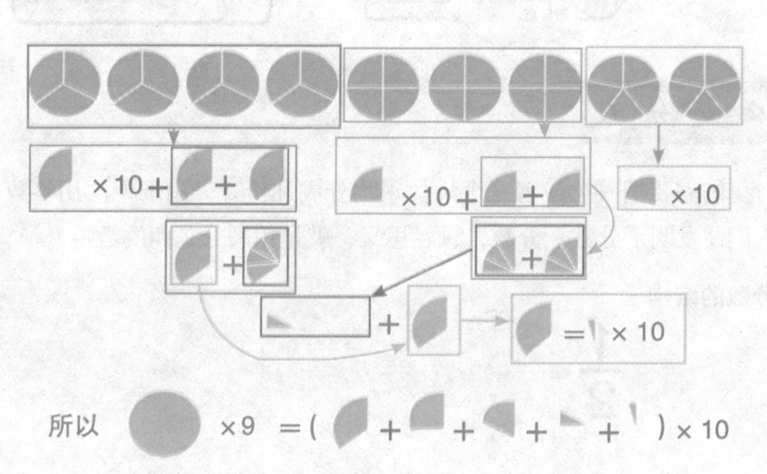

现代人的分橙子法

现代的分数，分子可以是任何整数，所以使用起来就会方便很多，比如我们要把 9 个橙子分给 10 个人，那么拿来分的东西“9”就是分子，分成的份数“10”就是分母。因此，很容易就能得到每个人能够分到$\frac{9}{10}$个橙子。

斑斑说："古埃及的人简直不认识分数嘛，因为他们只认识分子为‘1’的分数。"

多多说："可是很难想象不认识分数的人会知道‘$\frac{9}{10}=\frac{1}{3}+\frac{1}{4}+\frac{1}{5}+\frac{1}{12}+\frac{1}{30}$’这么复杂的关系，古埃及人真厉害！"

分数在生活中的不同意义

一样的分数，在不同的环境中可是代表着不同意义的！

1. 表示整体的一部分

妈妈给多多买了一大块巧克力，这一大块巧克力由 12 小块组成，吃的时候一小块一小块地掰下来吃很方便。多多已经吃掉了其中 3 小块巧克力了，如果他吃的巧克力以“大块”为单位，该怎么表示呢？

计算过程：

因为 1 大块 = 12 小块，所以多多吃了$\frac{3}{12}$，约分后等于$\frac{1}{4}$大块的巧克力。

2. 表示除法

分数还能够表示除法运算，和一般除法运算不同的是，分数本身即是运算的过程，又是运算的结果。

斑斑和多多要平分3个鸡腿汉堡，那么每个人可以分到1个汉堡加半个汉堡，也就是$\frac{3}{2}$个汉堡。这里的$\frac{3}{2}$可以理解为$3 \div 2$这个算式，也可以理解为最后的结果是$\frac{3}{2}$这个分数。

3. 表示和标准做比较

分数还可以用于一个事物和另一个事物相比较的情况。

多多早晨去学校如果步行需要45分钟，如果坐公共汽车则需要15分钟，那么，我们可以用分数来比较坐公共汽车的时间是走路的时间的$\frac{15}{45}=\frac{1}{3}$。

数学小笑话

分西瓜

斑斑手里抱着一个大西瓜，高兴地问多多："这个西瓜咱们切成8份来吃吧。"

多多摇了摇头说："切成2份就好了，8份吃不了。"

多多认识数字大家族

数字也分不同的国家和民族，并且它们的种族可不比人类少，这话别说你不信，多多也不信呢！但是，你再仔细想一想平时会用到的数字，它们就至少来自三个国家。

名师讲堂

意大利的罗马数字

时钟上的意大利字母其实是罗马数字，它们的基本数字只有 7 个，然后通过加法和减法来记数。当较小的数字在较大的数字左边时，用减法记数；当较小的数字在较大的数字右边时，则用加法记数。

罗马数字与阿拉伯数字的换算：

I = 1，V = 5，X = 10，L = 50，C = 100，D = 500，M = 1000

如：CVI = 100 + 5 + 1 = 106

XL= 50 − 10 = 40

你知道 IX 是几点吗?

但是罗马数字只适合记录比较小的数，遇到大数可就麻烦了。例如 CCCCXXXXVIII 这么长的罗马数字也只能表示 448 而已。

中国的大写数字

相比罗马数字而言，中国的中文数字就比较方便了，448 写作四百四十八，一点儿也不烦琐。中文数字还分大小写，由于大写的中文数字不容易被篡改，因此银行的汇款单上除了用阿拉伯数字写明金额，还必须再用大写的中文数字填写一遍。

中国数字的大小写与阿拉伯数字的换算：

1 = 一，大写为壹；　2 = 二，大写为贰；　3 = 三，大写为叁；

4 = 四，大写为肆；　5 = 五，大写为伍；　6 = 六，大写为陆；

7 = 七，大写为柒；　8 = 八，大写为捌；　9 = 九，大写为玖；

10 = 十，大写为拾；　100 = 百，大写为佰；1000 = 千，大写为仟；

10000 = 万，大写为萬。

起源于印度的阿拉伯数字

阿拉伯数字并不是由阿拉伯人发明的，而是起源于印度，是现在日常生活中最方便也是应用最为广泛的数字。

由于阿拉伯数字是最早出现“0”这个记数符号的数字，这使得它们能够更方便地记录含有“0”的大数，并由此逐渐产生了负数、无理数等概念。

阿拉伯数字虽然是由印度人发明的，却是由阿拉伯人传播到世界各地，又经过了世界各地无数数学家的努力，才把它完善成今天这个样子，可以说，阿拉伯数字是很多人智慧的结晶！

除此之外，还有玛雅数字、印度数字、古埃及数字呢！

最美的数字——0.618

数字也有美丑之分吗？丑的数字我不知道，但是最美的数字肯定是0.618没错。人们还给这个最美的数取了一个美丽的名字，叫“黄金分割”。

什么是黄金分割

黄金分割，又叫黄金律，是指事物各部分间一定的比例关系。就是把一条线段分成长短两段，长的那一段与这条线段原长的比值等于0.618，短的线段与长的线段的比值也是0.618。

大多数人认为早在公元前6世纪古希腊人毕达哥拉斯就发现了黄金分割的比例，继他之后的柏拉图则认为，0.618这个比例代表着美。

我们身上的黄金分割

黄金分割在我们身上可以说是无处不在。我们的肚脐就是整个身高的黄金分割点；我们的膝盖是肚脐到脚跟这段距离的黄金分割点。同时，我们的手肘也是整个手臂的黄金分割点；咽喉是头顶到肚脐的黄金分割点；眉心是脸长的黄金分割点……

0.618=健康

0.618和我们的健康也有着密切的联系，它可以解释人为什么会在22~24℃时感觉最舒适。人的体温大约是37℃，37 × 0.618 = 22.8（℃），人在这一温度下，新陈代谢、生理节奏和功能都处于最佳状态。养生学家发现，当一个人动与静的比例是0.618的时候，最利于养生，还有，每顿饭吃六七成饱的人几乎不得胃病。

黄金分割与爱美人士

画家们发现，当模特儿的腿长与身高的比是 0.618∶1 时，画出的身材最美丽。但现实中的大多数人，腿长和身高的比只有 0.58∶1 左右，因此美丽的维纳斯女神像及太阳神阿波罗的雕像都故意延长双腿，让腿长和身高的比达到 0.618∶1。也正因为如此，年轻女性都愿意穿上高跟鞋，让自己的身材变得更完美。

多多妈妈的身高是 160 厘米，腿长是 96 厘米，那么她要穿上多高的高跟鞋，身材比例才会完美呢？

这么高的高跟鞋，走路多不方便啊！爱美是有代价的。

计算过程：

设需要穿高 x 厘米的高跟鞋

$(96+x)\div(160+x)=0.618$

$x\approx7.54$（厘米）

艺术中的 0.618

在艺术殿堂里，也少不了 0.618 的身影。

建筑师是最喜欢 0.618 的人了，他们的作品里无处不有 0.618。无论是古希腊的帕提侬神庙、埃及金字塔，还是秦朝的兵马俑，它们的总体比例和各部分比例都符合 0.618 这个数字。巴黎圣母院与埃菲尔铁塔也同样是按照 0.618 的比例建设的。

帕提侬神庙

巴黎圣母院

绘画中的 0.618 也随处可见。西方的画家那就不用说了，他们早就把人体各个部分的黄金比例研究得十分透彻。而我们国家的国画画家也喜欢在画里用 0.618，他们把这个叫作意境，一整幅画只画出 0.618 的部分，剩下的留白，能带给观赏者无限的遐想。

小数的由来

这天，学校组织称体重。斑斑的体重是 5.6kg。可是在填表时，斑斑忘记写小数点了，结果填成了 56kg。哈哈！ 100 多斤的巨型狗！

就因为忘记写一个小数点，自己倒成了一个大笑话。除了忍受同学们的嘲笑不说，还得了个“胖狗狗”的外号。郁闷的斑斑气急败坏地喊道：“是哪个家伙发明了小数点的?！”

斑斑的一声大吼把同学们给震懵了，虽然学习了小数的知识，可谁也不知道小数是怎么产生的。于是同学们停止了对斑斑的嘲笑，一起向老师的办公室走去。

名师讲堂

当人类刚刚学会直立行走的时候就知道 1、2、3 等整数啦。因为他们知道吃2个野果要比吃1个野果更饱。不过后来他们忽然发现，仅仅能表示自然数是远远不够的。比如 5 个人打到 4 只猎物，这可怎么分呢？

那时候的人类还处于愚昧无知的状态，没法平均分，那就互相争夺打斗吧，他们就这样打杀了很多年。后来人类才明白，只要把猎物分成更多的小块，大家就可以分到一样多的猎物啦。

分数是小数产生的前提，直到 1 700 多年前，我国古代数学家刘徽在解决一个数学问题时，提出把整数个位以下无法标出名称的部分称为微数，这就是小数的前身。不过，当时他是用文字来表示小数的。

虽然我国对小数的认识远远早于欧洲，但我们现在使用的小数的表示法，也就是小数点却是从欧洲传入的。你别瞧不起这个小不点，且不说它的作用有多大，就是它的发展变迁，也经历了一个漫长的过程呢！

16 世纪，比利时有个叫西蒙斯芬的人，把 9.65 表示为 9（0）6（1）5（2）；17 世纪初，英国人威廉·奥垂德用 9L65 表示 9.65。

17 世纪末，英国人约翰·瓦里司创造了现在的小数点。所以确切地说小数点不是某个人发明的，而是人类集体智慧的结晶。

现在，小数点的写法有两种：一种是用“,”；一种是用小黑点“.”。在德国、法国等国家常用“,”表示小数点；而英国和北欧一些国家则和我国一样，用“.”表示小数点。

小数家族各显神通

最博人同情的小数

一位心理学教授做了一个有趣的实验，他让研究生们分别到街头去问路人要钱，他们都用统一的说辞：“我需要 7.9 元，你愿意帮助我吗？”结果，不少路人都慷慨解囊，有的甚至超过学生要的数字。

这倒不是“7.9 元”这个数有多大的魔力，只是因为它掌握了人们潜意识里对数字的认识和感受。一般乞丐会要两毛五、五毛这样的“零钱”，绝不会是这样具体而奇怪的数目。正因为具体，它制造了一种“真实”的错觉，让人觉得开口要钱的人不是“职业乞丐”，而是出于真正迫切的需要。

“完美数”之谜

多多经常被老师和同学们称赞为“完美神童”，他却不好意思地说：“这世界上没有完美的人，只有完美数。”

不要以为多多在开玩笑，“完美数”可是千真万确存在的……

名师讲堂

完美数，又称完全数或完备数，是一些特殊的自然数——**它所有的因数（本身除外）的和，恰好等于它本身。**

例如：第一个完美数是6，它有因数1、2、3、6，除去它本身6外，其余3个数相加，1 + 2 + 3 = 6。第二个完美数是28，它有因数1、2、4、7、14、28，除去它本身28外，其余5个数相加，1 + 2 + 4 + 7 + 14 = 28。接下来的完美数是496、8 128等等。

也就是：

$6 = 1 + 2 + 3$

$28 = 1 + 2 + 4 + 7 + 14$

$496 = 1 + 2 + 4 + 8 + 16 + 31 + 62 + 124 + 248$

$8\,128 = 1 + 2 + 4 + 8 + 16 + 32 + 64 + 127 + 254 + 508 + 1\,016 + 2\,032 + 4\,064$

对于“4”这个数，它的真因数有1、2，它们的和是3。**由于4本身比它的真因数之和要大，这样的数叫作亏数。**

对于“12”这个数，它的真因数有1、2、3、4、6，它们的和是16。**由于**

12 本身比它的真因数之和要小，这样的数就叫作盈数。

那么既不盈余，又不亏欠的数，就是我们刚才所说的完美数。

“完美数”的完美特性

1. 每个完美数都可以用从 1 开始的连续奇数个正整数的和来表示。

如：$6 = 1 + 2 + 3$

$28 = 1 + 2 + 3 + 4 + 5 + 6 + 7$

$496 = 1 + 2 + 3 + \cdots + 30 + 31$

……

2. 除 6 之外，所有完美数都可以用从 1 开始的连续奇数的立方和来表示。

如：$28 = 1^3 + 3^3$

$496 = 1^3 + 3^3 + 5^3 + 7^3$

$8128 = 1^3 + 3^3 + 5^3 + 7^3 + \cdots + 15^3$

3. 一个完美数的所有真因数的倒数之和等于 2 。

如：6 的真因数的倒数之和：$\frac{1}{1}+\frac{1}{2}+\frac{1}{3}+\frac{1}{6}=2$

28 的真因数的倒数之和：$\frac{1}{1}+\frac{1}{2}+\frac{1}{4}+\frac{1}{7}+\frac{1}{14}+\frac{1}{28}=2$

496 的真因数的倒数之和：$\frac{1}{1}+\frac{1}{2}+\frac{1}{4}+\frac{1}{8}+\frac{1}{16}+\frac{1}{31}+\frac{1}{62}+\frac{1}{124}+\frac{1}{248}+\frac{1}{496}=2$

……

“奇（jī）完美数”猜想

令人不解的是，直到目前为止，人们所知道的完美数都是偶数，谁也未发现过奇完美数，但是没有人能证明它不存在。看来“完美数”之谜还未真正解开，不知道亲爱的小读者会不会成为揭开最终谜底的那个人……

数字“冰雹”猜想

校园内最近流行一种神奇的数字游戏，同学们都像发疯一般，夜以继日、废寝忘食地玩这个游戏，多多也深陷其中无法自拔。究竟是什么游戏，居然具有如此大的魔力？

其实，这个游戏十分简单，它的规则是：

任意选择一个自然数 n（0 除外），如果它是奇数，就用它乘 3 再加 1 变成 $3n+1$；如果它是偶数，就用它除以 2 变成 $\frac{n}{2}$，把得到的数再进行这样的运算。

最终你会发现，无论选取怎样一个数字，最终都无法逃脱回到谷底 1 的宿命。

听起来很不可思议吧？我们先来举两个例子看看。

偶数 16：$16\div2=8$，$8\div2=4$，$4\div2=2$，$2\div2=1$。

奇数 3：$3\times3+1=10$（这时，结果变成了偶数，接下来应按照偶数的规律计算），$10\div2=5$，$5\times3+1=16$，$16\div2=8$，$8\div2=4$，$4\div2=2$，$2\div2=1$。

名师讲堂

有人把数字比作高空云层中的小水滴，以这个规律上升和下降的过程中，数字忽大忽小，最终变成 1，落了下来，于是这个猜想有了一个形象的名字——数字“冰雹”猜想。而且无论从哪个自然数（0 除外）开始，经过多么漫长的过程，每串数的最后 3 个数都是 $4\rightarrow2\rightarrow1$。

谁先听到歌声

明星的演唱会非常热闹，人们激情高涨地去现场欣赏。不仅在现场的人们能听到歌声，在几千米之外的人们通过电台直播也可以听到。那么到底是谁先听到的呢？一起来探秘吧！

最近，三位世界著名的歌星要来北京开演唱会，乐乐一家人高兴极了。

不巧的是，公司安排乐乐的爸爸去广州出差，错过了听演唱会的机会。于是，乐乐约上明明和妈妈一起早早来到演唱会现场，他们坐在离麦克风只有 30 米远的座位上听，陶醉在美妙的旋律中。

而此时，乐乐的爸爸正在广州，通过收音机欣赏演唱会的实况转播。

乐乐他们正听得带劲的时候，乐乐若有所思地说："妈妈，你说是爸爸先听到歌声还是咱们先听到呢？"

"当然是咱们了，我们离麦克风这么近，你爸爸在广州，离北京这么远。"明明没有等乐乐的妈妈说话，就抢着说道。

"咱们听到的歌声与演唱家的歌声基本上是同步的，而我爸爸听到的歌声肯定要比我们滞后很多。"乐乐说着。

乐乐的妈妈只是笑了笑，没有说什么，低声示意他们继续听演唱会。

演唱会结束后，乐乐和明明又在为谁先听到歌声讨论着。乐乐的妈妈笑着说："这可不能只凭感觉猜想，而要经过周密的思考和精确的计算，才能得出正确的结论。”

听了妈妈的话后，乐乐和明明回到家就打开电脑，开始查找资料，他们知道：他们当时离麦克风只有 30 米，在广州的爸爸离北京的直线距离大约 1 875 千米。

明明一看到资料后，更加肯定自己的结论：他们先听到的歌声。

乐乐接着又查找声音的传播途径，得知：他们听到的歌声是由空气传播的，而爸爸听到的歌声是通过电波传送的。

乐乐看到这一资料后，疑惑地说："根据这条资料，不一定是我们先听到歌声的！或许我们会同时听到，也说不定我爸爸听到的比我们还早呢？"

明明也看了一眼这条资料，然后催促乐乐认真计算一下。乐乐就开始仔细地算了起来：

声音在空气中传播的速度是每秒 340 米，在离麦克风 30 米的地方听到歌声需要：$30 \div 340 \approx 0.085$（秒）。

声音通过电波传播的速度是每秒 30 万千米，爸爸听到歌声需要：$1\,875 \div 300\,000 \approx 0.00625$（秒）。

算出结果后，乐乐大吃一惊，自言自语道："原来，爸爸比我们听到歌声要早得多呀！"

书海拾贝

通常情况下，声音在空气中的传播速度约为340m/s，在水中的传播速度约为1 500m/s，在钢铁中的传播速度可达到5 200m/s。

声音在不同的物质中的传播速度不同，在真空中，声音是无法传播的，所以提问的时候要说清楚声音是在什么物质中传播。很多时候试卷里问你的是"声音在真空中的传播速度是______m/s"，这时你就要看清楚是"真空"而不是"空气"，所以应该填"0"。

电波的速度和光速相同，是目前发现的最快的速度。电波的速度比声音的速度快得多，所以，看电视的人很有可能比在现场的人听到的歌声早。

第二章

看图形“72”变

多多发明的神秘武器——伸缩拳头

多多新发明的伸缩拳头真是妙极了，远距离就能将对手击倒。这不，斑斑成了多多新式武器的第一个“牺牲品”。挨了两拳的斑斑无奈地变成“熊猫狗”了。

要想破解多多的伸缩拳头，首先要搞明白伸缩拳头的制作原理。斑斑发现伸缩拳头是由几个平行四边形组成的。于是，斑斑找来几根木棍和绳子做起实验来……

【斑斑的小实验】

材料：7 根木棍、绳子、剪刀

操作：

1. 试着用木棍摆出一个四边形和一个三角形。
2. 用绳子将木棍交叉的地方都绑起来（尽量绑紧哟），组成一个四边形和一个三角形。

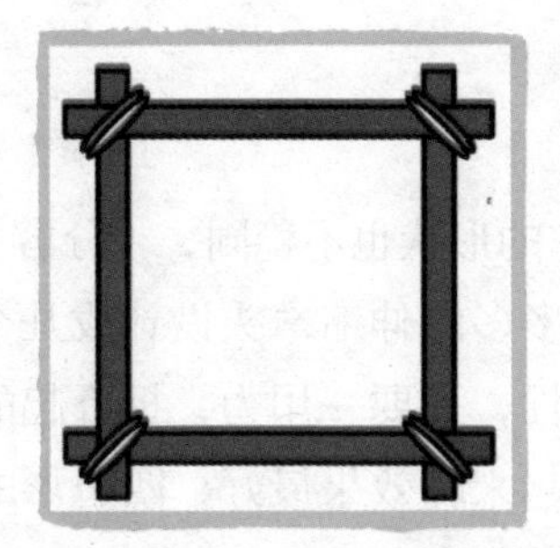
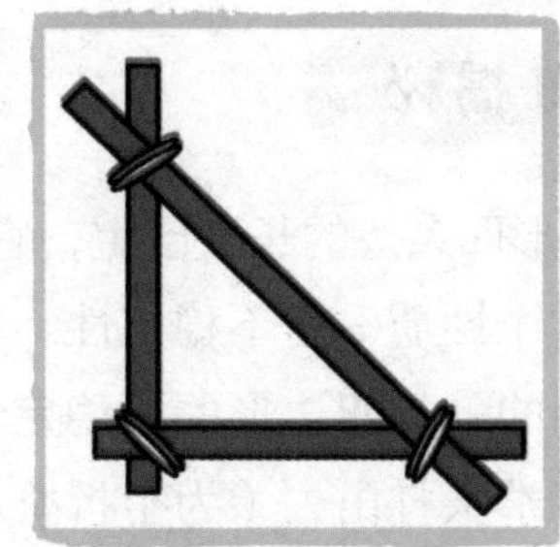

3. 双手用力挤压它们，你会发现什么呢？

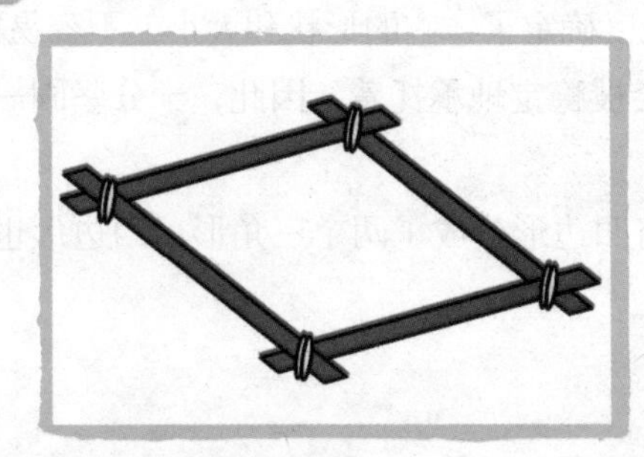
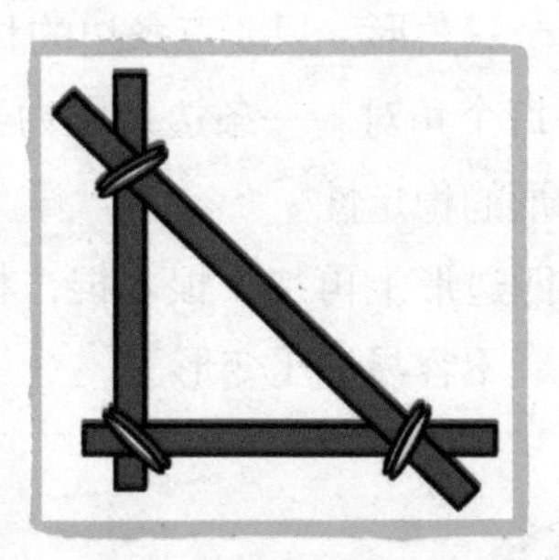

4. 在四边形的对角多加一根木棍，再用力挤压看看，你又能发现什么？

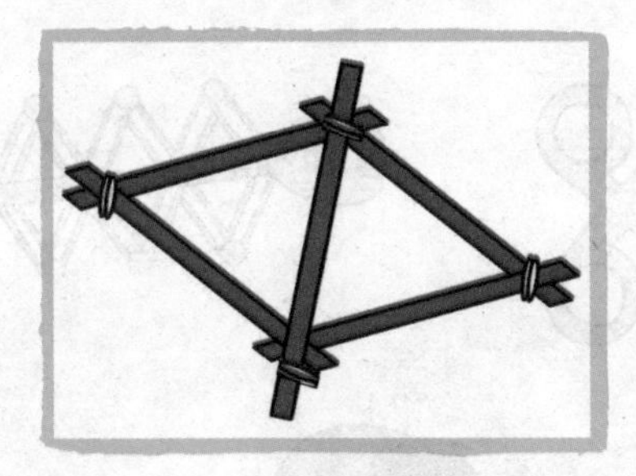

实验结果：

1. 四边形可以被压扁，形状发生变化。
2. 三角形却几乎没什么改变。
3. 加了一根木棍的四边形被挤压后，形状也几乎没有改变。

即使四边形四条边的长度已定，它的形状也不稳固，十分容易变形，任何四边形都有这个性质——不稳定性。多多的伸缩拳头设计成几个四边形相连的形状，利用的就是四边形的不稳定性，只要一用力，折叠起的四边形就会改变形状，将拳头打出去（为了折叠起来时效果最好，四边形的边长长度最好都相等）。

一个三角形，只要三条边的长度确定了，它的形状和大小就不容易再改变。三角形每个角对着一条边，压力会被稳定地承托着，因此，十分坚固——这就是三角形的稳定性。

在四边形上再加一根木棍，将四边形分成了两个三角形，四边形也就有了稳定性，不容易被压变形了。

名师讲堂

哈哈！多多与斑斑真是各有各的招！多多发明的伸缩拳头利用了四边形不稳定的性质，当四边形受力时就会变形，拳头就会伸缩。斑斑则很巧妙地在伸缩拳头上钉了一根木棍，使四边形变成三角形。斑斑运用了三角形的稳定性，所以伸缩拳头动不了啦！

生活中很多地方都会用到三角形的稳定性和四边形的不稳定性。如：

三角形的稳定性

四边形的不稳定性

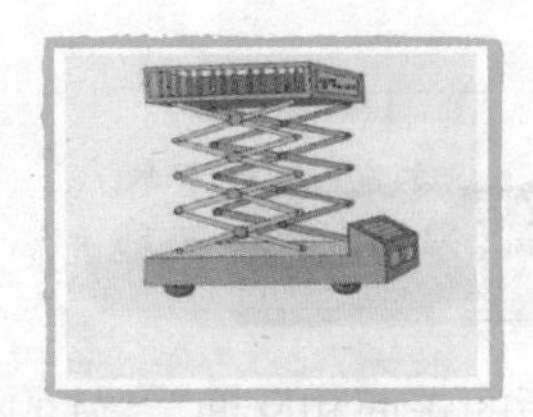

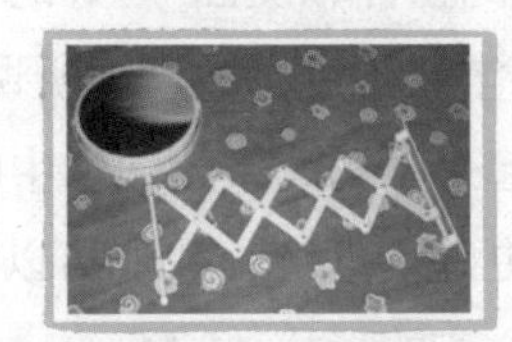

多多告诉你“面”的真面目

多多正在做有关图形的数学题，不过，他碰到了一个难题，于是跑去问表哥：“哥哥，什么是面呢？”

“面？面就是组成这个立方体的四边形，面总是平的。”表哥指着手里的积木说。

多多又问：“所有的面都是平的吗？饮料瓶的底是平的，可是周围的一圈却不是平的，周围这一圈就不是面了吗？”表哥答不上来。

这时，多多爸爸正好走过来，他说：“面既有平平的面，也有曲面，所以饮料瓶周围的一圈也算是面。”

“原来如此，组成立体图形的原来都是面哪！”多多似懂非懂地点了点头，走了。可是不一会儿，多多用手指在西瓜上捅了个洞，他拿着西瓜又来问爸爸了：“爸爸，西瓜中间的洞，也是面吗？”

“这个……”爸爸不知道该怎么解释了。

名师讲堂

“硬币的正面和反面”“好的一面和坏的一面”……在生活中我们经常听到“面”这个字，不过，数学中所说的“面”，却不是前面几句话中的意思。现在我们就一起来学习一下，数学中的“面”到底是什么意思吧！

为了更好地理解，我们可以在各种物品的表面涂上颜色，然后印在纸上，观察一下它们的形状。

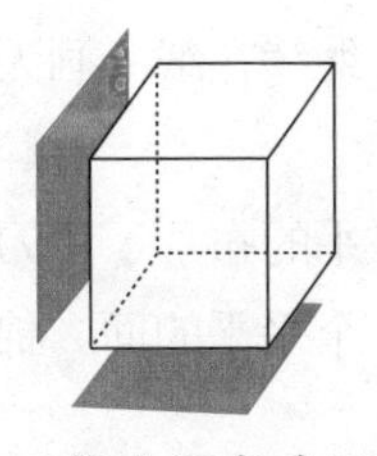

将上图各个面印在纸上，都是正方形。

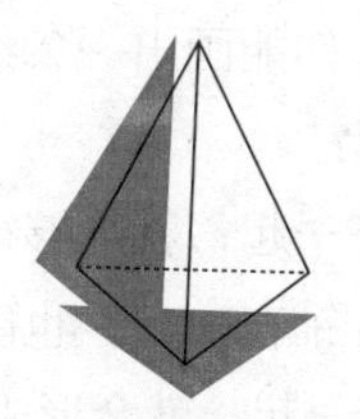

将上图各个面印在纸上，都是三角形。

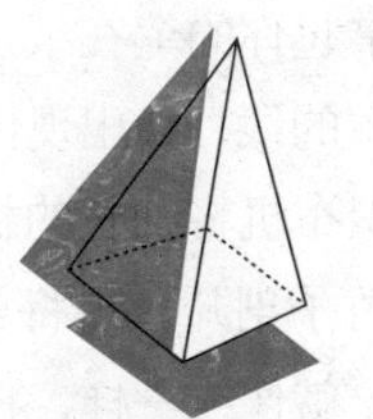

将上图各个面印在纸上，有的面是正方形，有的面是三角形。

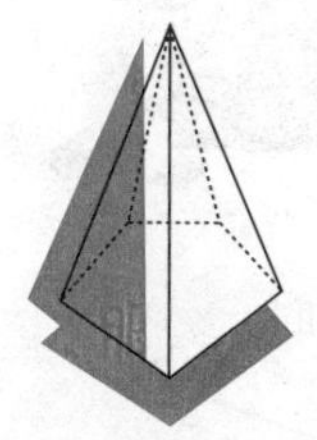

将上图各个面印在纸上，有的面是五边形，有的面是三角形。

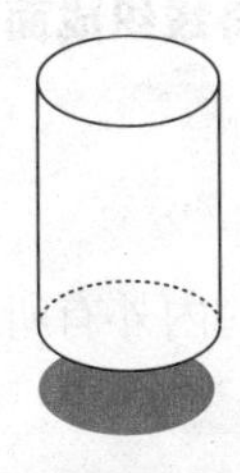

将上图的底印在纸上，底面是圆形。

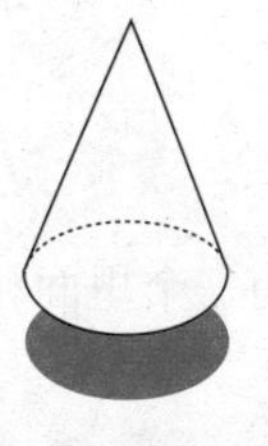

将上图的底印在纸上，底面也是圆形。

印出来的三角形、正方形、五边形、圆形等都是平面图形，它们没有厚度，只有形状，这些面就像盖图章的时候印出来的形状，或者影子的形状一样。

杯子虽然是中空的，但我们仍然可以看到，组成这个圆柱立体图形的面是圆形和长方形。

组成立体图形的平面图形，我们叫作“面”。

思考一下，面既有平面也有曲面，平面的部分可以按照原有的样子印下来，而弯曲的曲面印出来会是什么样子的呢？

拿起你的笔在纸上画一下，你能画出一条线，如果你继续在纸上画无数条紧挨着的线，会出现什么情况呢？

织布机将细长的棉线编织在一起，就能够得到一块平平的布片；用刀将细长的竹子剖开，再将剖开的竹片铺在一起，也能够得到一个平平的面。棉线和竹子，就像线一样，将线集合在一起，就会形成面。

织毛衣时，就是将线织成面。

面是线运动的空间。

面有一个里面和一个外面，面的内外有所区别，才能形成面。

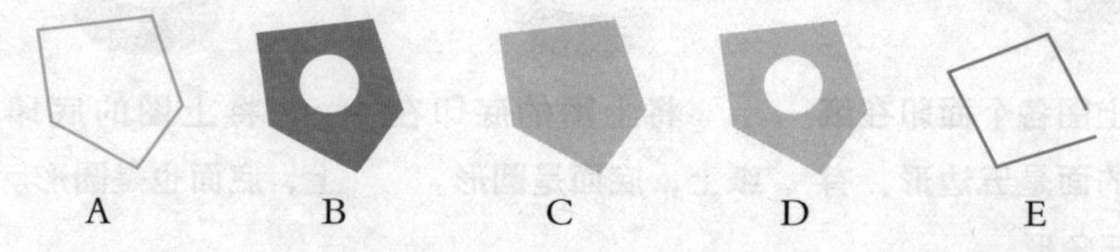

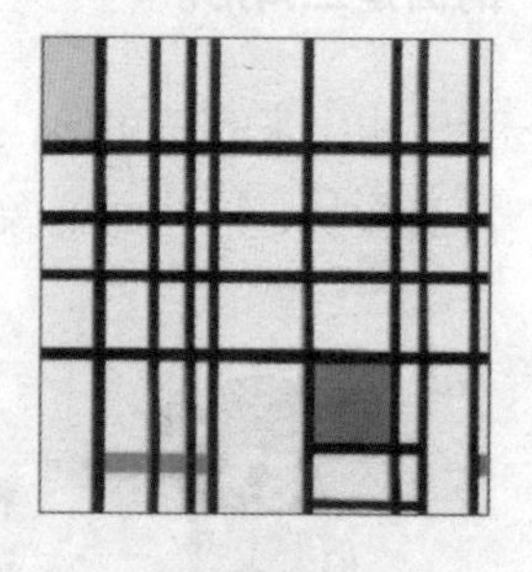

上面的图形中，只有 A 和 C 是面，其他的都不是；B 和 D 的内外不止一个，所以它们不算是面；而 E 不是由线连在一起的图形，所以也不能算是面。

在右边这幅图中，有用黄色和红色涂成的四边形，也有没有涂色的四边形，这些四边形都可以分出内侧和外侧，因此都是面。

面有内外之分。

这就是面的三个性质，不同的面之间，还存在着一定的差异，同学们以后还会进一步学习。

了解了面的三个性质，我知道西瓜中间的洞不是面，因为它不是线运动的空间，捅了个洞的西瓜截面也不是面，因为它的内外不止一个。

美妙的对称图形

今天是课外观察日，老师带领大家去民俗馆参观非常具有民族特色的剪纸艺术。啊！各种各样漂亮的图形将多多彻底迷住了。

看了这些复杂又漂亮的剪纸图形之后，大家都对剪纸产生了很大的兴趣，老师好像早就预料到会有这种情况，特意安排了一个剪纸老师傅在现场教大家剪纸，大家一起来学一学吧！

工具：彩色纸、铅笔、订书机、剪刀。

制作步骤：

1. 取一张正方形纸（当然选自己喜欢的颜色了），将其对折，再对折。

2. 在对折后的纸上画上自己喜欢的图案。

3 . 用订书机将折后的宣纸固定住，这是为了方便后面剪纸哟！

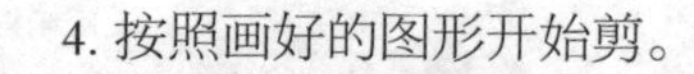

4. 按照画好的图形开始剪。

5. 完成了，打开来看一看吧！

看着自己剪出的图形，多多兴奋极了。这时，老师举起手中的剪纸，神秘兮兮地问大家 :“同学们，你们有没有发现这个图形有什么特别的地方呢？”

“特别？”多多看着手里的剪纸，想起剪完之后打开时的情形，“这个图形对折后会完全重合，再对折，还是完全重合。”

“没错，如果一个图形沿着一条直线对折后两部分完全重合，这样的图形叫作轴对称图形。今天大家学习的剪纸就是利用这种性质剪出来的，大家再看一看周围，这些剪纸中还有哪些是对称图形呢？”老师接着问。

“跳舞的那个是！”

“蝴蝶也是！”

“脸谱也是……”大家争先恐后地回答。

轴对称图形

对称图形有很多分类，如果一个图形沿着一条直线对折后两部分完全重合，这样的图形叫作轴对称图形，这条直线就是图形的对称轴。如果你以为图形的对称轴只能有一条，那你就错了，和多多一起来看看下面的每个图形吧！

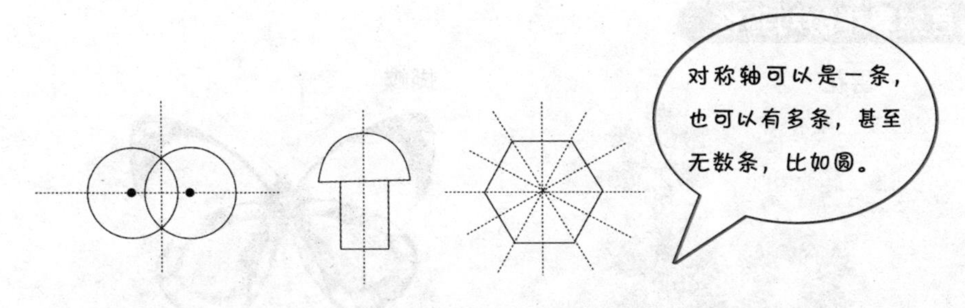

那么，轴对称图形还有什么特殊之处呢？拿直尺量一量，你会发现对称轴两侧的对应点到对称轴的距离相等。如右图所示。

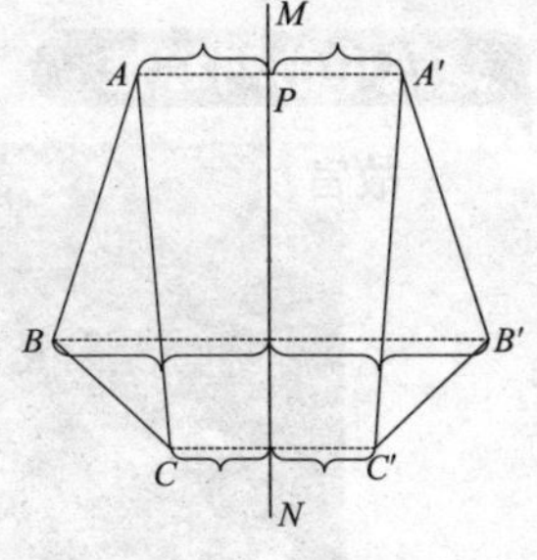

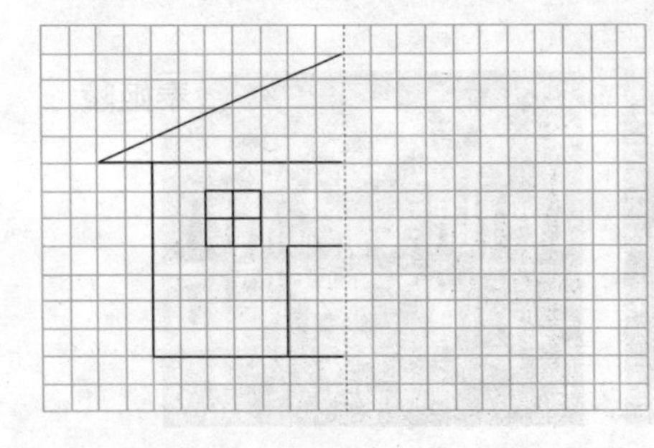

根据上面的这个性质，你能画出左边这个图形的轴对称图形吗？赶快来试一试！

中心对称图形

如果一个图形绕某一点旋转 180 度，旋转后的图形能和原图形完全重合，那么这个图形叫作中心对称图形，而这个中心点，叫作对称中心。

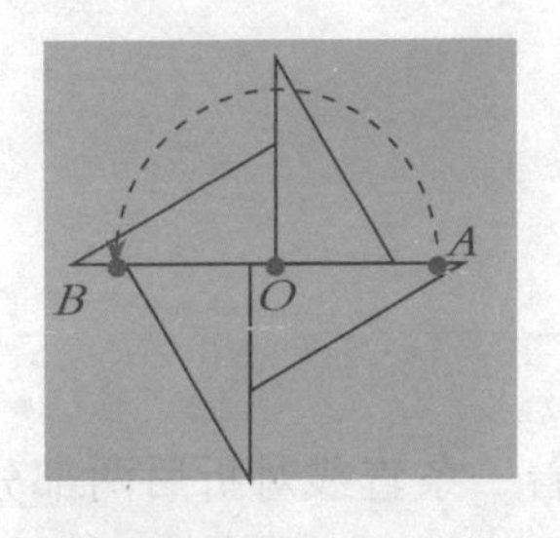

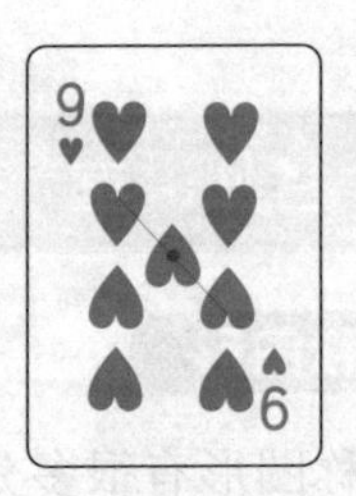

中心对称图形上每一对对称点所连成的线段都被对称中心平分。常见的中心对称图形有矩形、菱形、正方形、平行四边形、圆以及某些不规则图形等。

自然界中的对称性

雪花

蝴蝶

建筑中的对称性

故宫

泰姬陵

对称性对很多物体来说，是非常重要的。你有没有想过，如果原本对称的物体，我们故意把它们做成不对称的，会出现什么麻烦呢？比如说，拥有四条长度不同的腿的桌子，轮胎大小不一致的汽车，还有，如果鸟的一对翅膀不对称，它要如何在蓝天飞翔呢？

为什么车轮是圆的

今天爸爸整理车库，竟然从里面找到了一辆儿童自行车，这不正是多多小时候经常骑的那辆吗？多多忍不住又骑了骑自行车，结果上下颠个不停，一点儿也不舒服，原来是一个车轮被压扁了。爸爸将车轮重新调好之后，骑起来又跟以前一样舒服了。为什么车轮必须是圆的才舒服呢？

不仅是自行车轮子，汽车的轮子、三轮车的轮子、玩具车的轮子都是圆的，有什么特殊原因吗？

汽车、自行车、玩具车的轮子都是圆的，这是为什么呢？要想知道其中的奥妙，就先来了解圆的一些特性：圆的中心叫“圆心”，从圆周上的任何一点，连到圆心的线段的长度都相等，称为“半径”，经过圆心并连接圆周上两点的线段称为圆的“直径”。拿尺子量一量你就会发现，同一个圆的半径可都是一样长的！

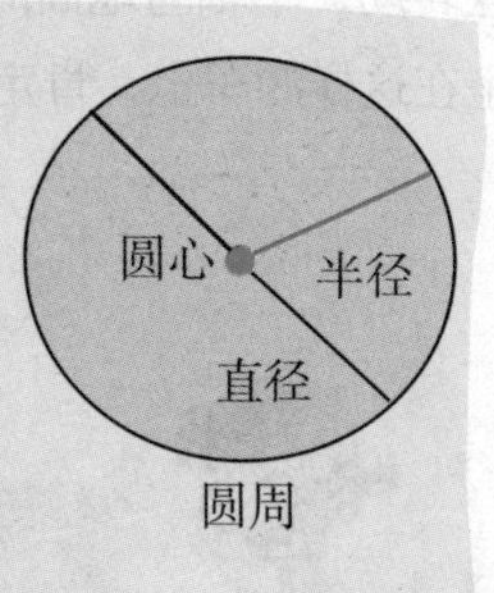

从圆周上的任意一点到圆心的距离都相等，这可是圆独有的特性，其他形状并没有。以六边形、正方形、三角形为例，周边任意一点连接到图形中心的线段长度并非全部相等。

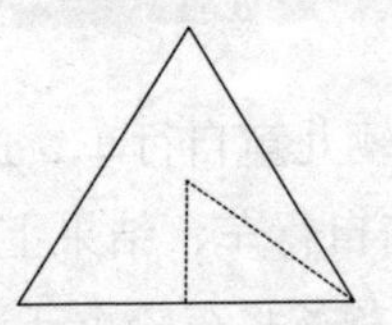
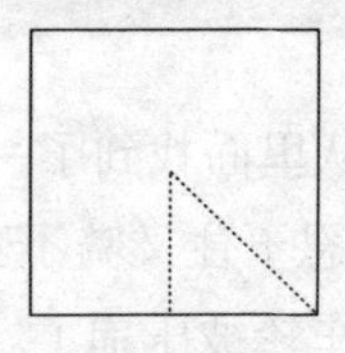
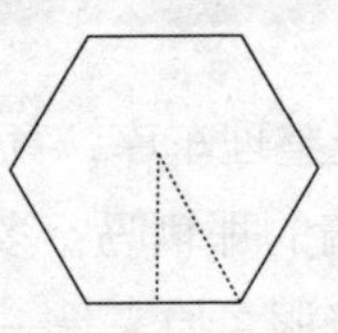

因此，我们把车轮做成圆的，将车轴安装在圆心的位置，当车轮转动时，车轴与地面的距离一直等于车轮的半径，这样车才能开得平稳，坐在车上的人就能感觉舒适了。

如果车轮做成六边形，车轴也安装在六边形的中心，这样的六边形车轮一旦转动，车轴与地面的距离就会时大时小，车子就会颠簸得很厉害了。你要是坐在这样的车上，肯定会非常难受的。

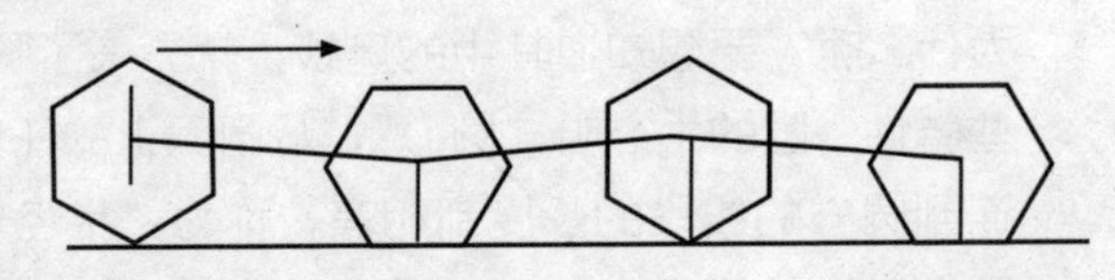

六边形轮子的汽车太颠，我都要吐了！

各种圆的盖子

随处可见的下水道井盖也都做成圆的，这是因为圆的另一个特性：经过圆心并连接圆周上两点的线段叫直径。不知道你发现没有，同一个圆的直径也都一样长呢，直径等于半径的两倍。同一个圆的所有直径长度都相等这个特性，也是圆形独有的。你再看下面的三角形、长方形和六边形，经过图形中心的线段长度明显不相等！

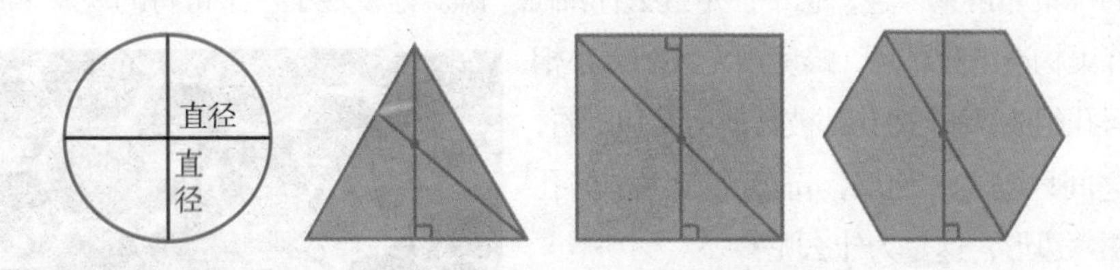

因此，如果井盖是圆的，同一个圆的所有直径的长度都相等，井盖就不容易掉进井里去。如果是方形或其他的形状，不同地方的宽度会不一样，井盖就容易掉进井里去了。

另外，井盖做成圆的还方便搬运，万一搬不动时还可以像滚铁环一样滚着走。

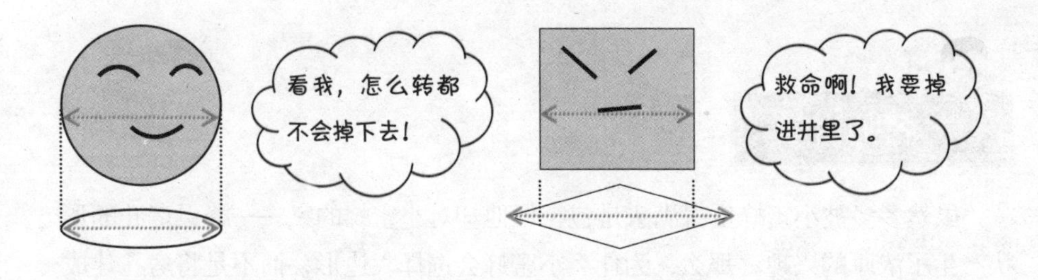

日常生活中，圆的盖子多的是，例如奶粉罐的盖子、水杯的盖子，只要你细心观察就会发现更多。圆的好处还有很多，同学们以后还会接触到！

小蜜蜂的六边形房子

可怜的多多今天过得超级悲惨！你肯定要问为什么呢？因为他今天不小心捅了蜜蜂窝。

原来，多多今天在院子里踢球时，一不小心将足球踢进院子墙角的一丛灌木里了。不知情的多多跑过去捡球，没想到的是，在那丛灌木里刚有蜜蜂安了家，勤劳的小蜜蜂们刚把家建好，多多踢飞的足球就将蜂巢给打下来了。多多对这个从天而降的蜂巢非常感兴趣，忍不住走过去仔细瞧一瞧。他发现了一个奇特的现象：蜜蜂的蜂巢构造十分精巧，蜂房由无数个大小相同的房孔组成,每个房孔都被其他房孔包围着，房孔之间只隔着一堵墙，奇就奇在每个房孔都是正六边形，这是为什么呢？

就在他东想西想的时候，小蜜蜂们发现自己的家被人破坏了，这下可不得了，所有的小蜜蜂群起而攻之，将多多蜇得满头是包。

名师讲堂

虽然多多被小蜜蜂蜇得满头是包，但他却对小蜜蜂的家——蜂巢房孔的形状产生了浓厚的兴趣。那么，为什么小蜜蜂会选择六边形，而不是将房孔建成三角形、五边形或别的形状呢？

这涉及一个密铺的问题。

密铺平面

重复组合一种或几种图形，让图案铺满整个平面，而且没有空隙或重叠，这叫作密铺平面。

单一多边形密铺：只用一种多边形密铺。不过，并不是所有多边形都能够密铺。

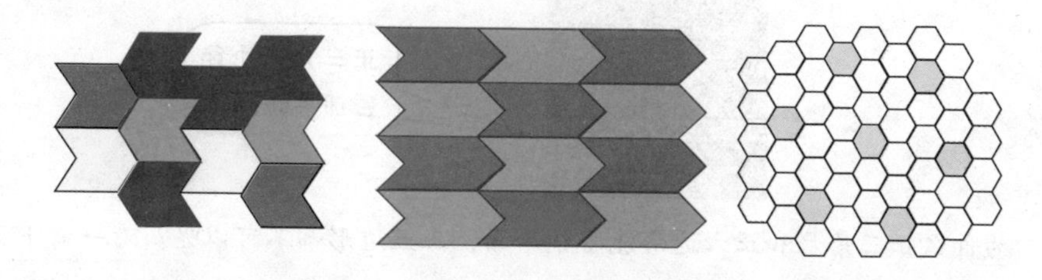

复合多边形密铺：用多种多边形达到密铺的效果。

小蜜蜂会选择正六边形作为房孔的形状，原因就是正六边形刚好能铺满整个平面。如果小蜜蜂将房孔做成正五边形，会出现什么情况呢？

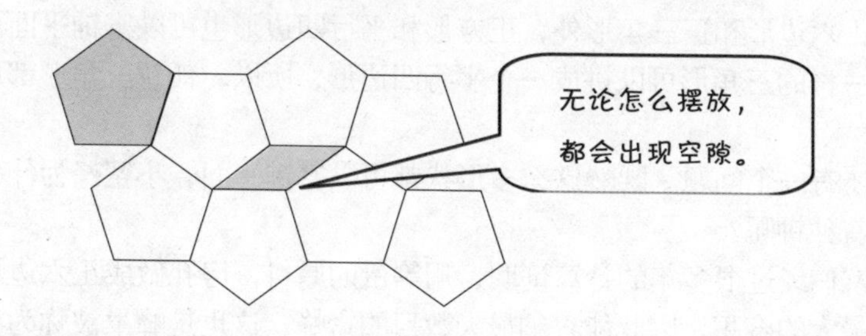

放了 3 个正五边形后，怎么也放不下第 4 个了，于是，房孔与房孔之间就会出现空隙，出现这种情况，小蜜蜂就要用更多的蜂蜡将空隙填满，这可大大增加了它们的工作量。所以，聪明的小蜜蜂就选用正六边形作为房孔的形状。

也许有同学会问了，难道只有正六边形能密铺平面吗？正三角形和四边形不可以吗？下面我们先用正三角形试一试。

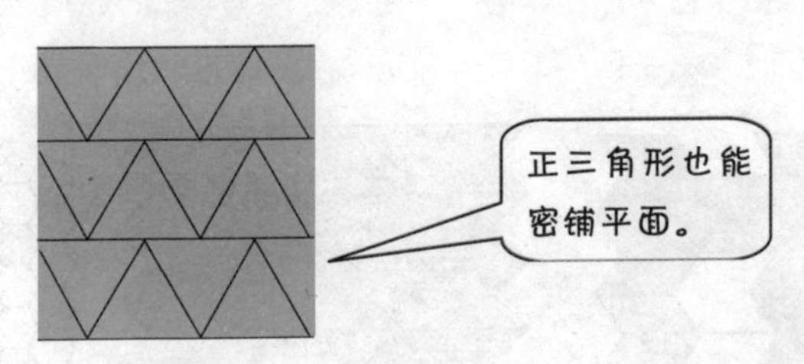

为什么正三角形和正六边形能密铺平面，正五边形却不可以呢？看一看下面的解释就明白了。密铺平面时，几个图形会拼在一个共同的点上，这个点叫作公共顶点。只要图形的角在公共顶点上角度之和是 360°，这个图形就能密铺平面。

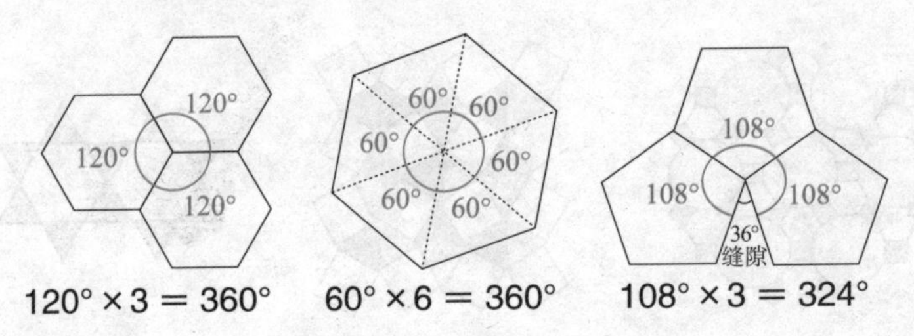

正六边形和正三角形在公共顶点上的角加起来正好是 360°，但是，3 个正五边形的角加起来才 324°，而 4 个正五边形加起来又是 108° × 4 = 432°，都不等于 360°，所以，正五边形不能密铺平面。

除了正六边形和正三角形外，正方形和平行四边形也可以密铺平面。因为两个完全一样的三角形可以拼成一个平行四边形，所以，任意三角形都可以密铺平面。

这里还有一个问题：既然这么多形状都可以密铺平面，小蜜蜂为什么对正六边形情有独钟呢？

科学家们经过很多年的计算证明，用等量的原料，房孔做成正六边形能使蜂巢具有最大的容积，因此能容纳最大数目的蜜蜂，这也是蜂巢被称为自然界中最有效的建筑代表的原因。

只有一面的魔环

今天，宇宙超级无敌魔法师——多多要给大家表演一个数学魔法。现在，就请各位睁大眼睛，见证奇迹的发生吧！

道具非常简单，魔术可不简单呀！

魔术道具

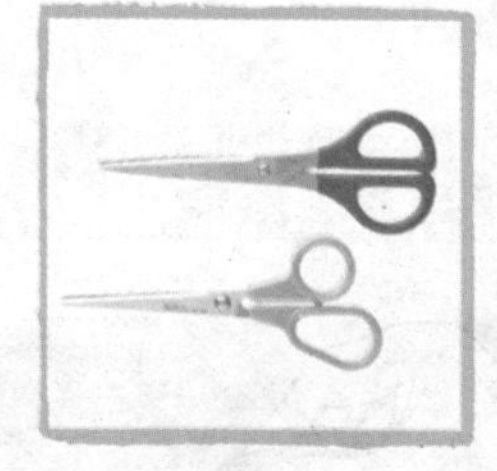

剪刀

一条长 50 厘米的宽纸条

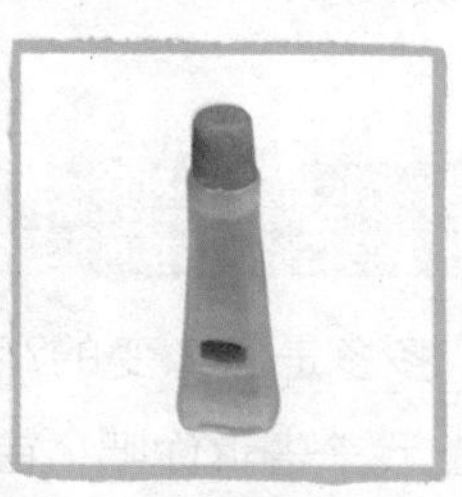

胶水

表演开始了

步骤一：只见多多快速地用胶水将纸条两端粘起来，使其变成一个纸圈，纸圈的长度约是 50 厘米（忽略接口处重合的部分）。

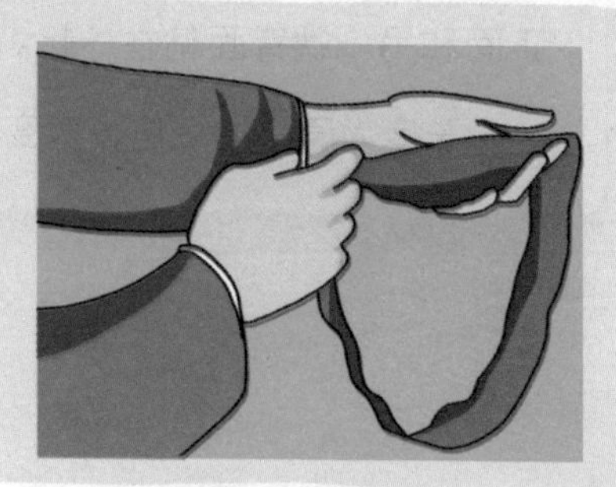

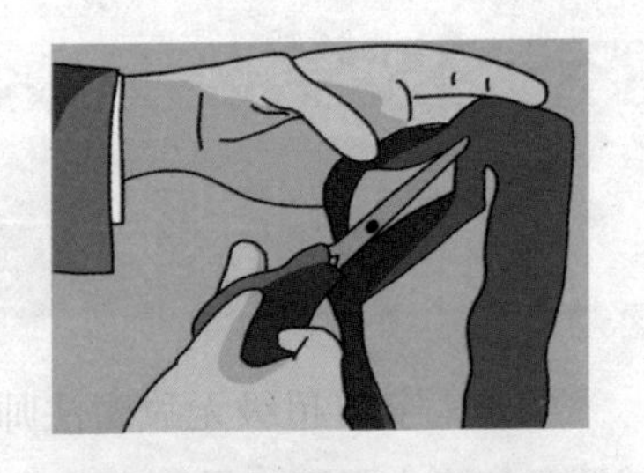

步骤二：多多右手拿剪刀，顺着纸圈的方向，将纸圈从中剪开，难道他要将纸圈剪成两个吗？（小心，剪刀锋利千万不要伤到手哟！）

步骤三：将纸圈完全剪开后，多多双手拿着纸圈抖了抖，这时，奇迹出现了——纸圈并不像大家预想的变成了两个，而是变成了一个大纸圈。天啊，在众目睽睽之下，电光石火之间，多多用了什么魔法将两个纸圈接起来的呢？

那么，这到底是怎么回事儿？你能揭开这个魔术的奥秘吗？

【魔术揭秘】

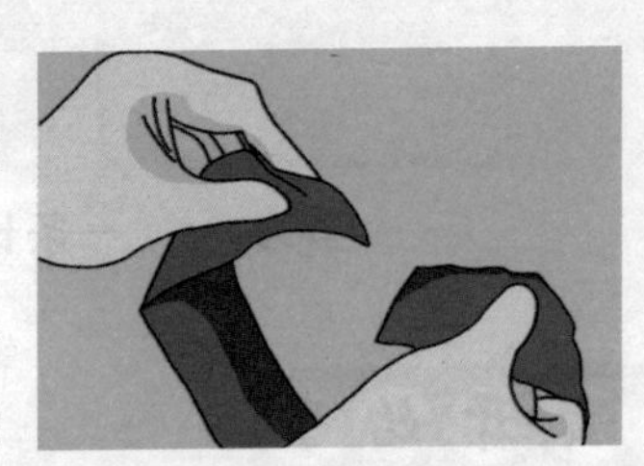

多多是怎么变的？为什么会这样？就让我来告诉你吧！首先，多多当然没有魔力，而纸圈本来就只有一个。

魔术成功的关键在于第一步，多多将纸条粘起来时，纸条的两端并不是顺着方向粘好，而是将其中一端扭一下（即旋转 180°），再将一端的正面和另一端背面粘在一起。将这样一个纸圈剪开之后，就变成了一个长度为原来的 2 倍，宽度变成原来的$\frac{1}{2}$的大纸圈了。

名师讲数学

这种纸圈被称为莫比乌斯圈，是由德国数学家莫比乌斯创造出来的。

莫比乌斯圈的特别之处在于：它只有一个面，也只有一条边。在数学上，这样的曲面有一个专有名字：单侧曲面。怎么证明它只有一个面呢？很简单，我们用红笔在纸圈上沿着它的走向画一条线（不跨越边沿）。当笔回到起点时，你就会发现红线已经画过了纸圈的所有面。

好了，回到那个剪了一次的纸圈那里去，经过一番摆弄之后，这个纸圈可以变成一个两层的“莫比乌斯圈”。

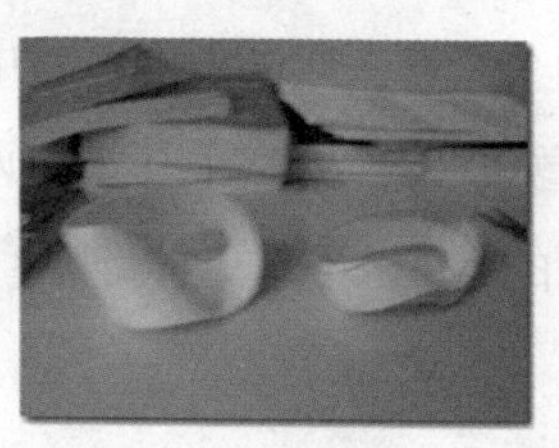

如果我们像多多那样将摆弄好的纸圈再从中剪一次，又会发生什么事情呢？我们先猜想一下：剪开以后应该至少出现两个圈，这两个圈又有什么特点呢？

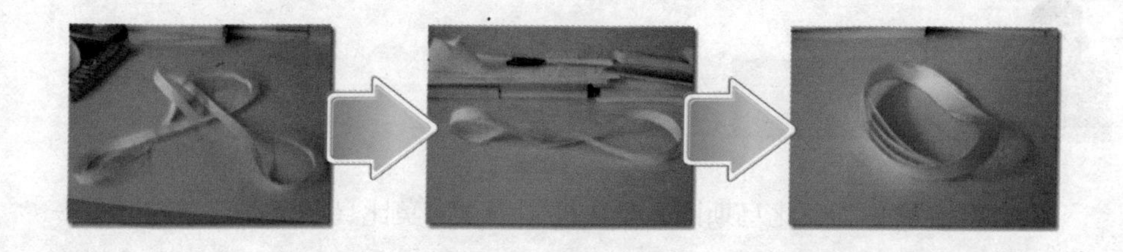

结果出来了，是两个和刚才一样的纸圈，不过这两个纸圈是套在一起的。如果我们摆弄一下，还能把它弄成没有剪开之前的大纸圈的一个双层版本，再摆弄一下，又能把它们弄成一个四层的“莫比乌斯圈”。继续剪下去，你会发现每次的结果都是一样的。

事实上，这是数学家发现的第一个单侧曲面，它只有一个面从而无法定向，所以这类曲面又有一个名字叫“不可定向曲面”。

多多的数学小锦囊

莫比乌斯圈的魔术变奏曲

如果多多在表演时不是将纸圈从中间剪开，而是沿纸条宽$\frac{1}{3}$的地方剪开，会剪出两个套在一起的纸圈。其中一个纸圈是莫比乌斯圈，长度和开始的相等，宽度是开始的$\frac{1}{3}$，另一个却是有两个面的普通纸圈，长度是开始的 2 倍，宽度也是原来的$\frac{1}{3}$，是不是更神奇呢？

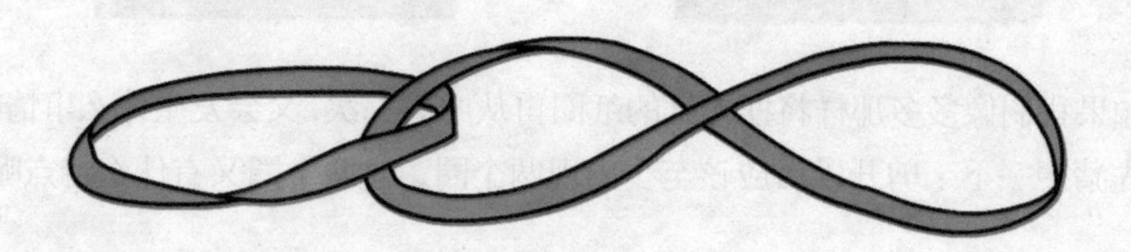

简易小屋不简单

桃花谢了，柳丝长了，春天不知不觉地过去一大半了。窗外明媚的阳光，鲜美的芳草,似乎都在不停地提醒着大家,赶紧去抓住春天最后的小尾巴。这不，多多、斑斑，还有多多的同学胖胖一起到山上踏青了。

春夏之交是观星的好时候，斑斑提议大家在大山里住上一晚，好好欣赏一下满天的繁星。于是大家七手八脚地捡来材料准备搭露营的帐篷。

斑斑力气小，忙活半天只叼来 5 根 30 厘米长的树枝。多多一会儿扑蝴蝶，一会儿采野果，直到太阳快下山了才摘了几片芭蕉叶回去。胖胖最卖力，找到了 4 根 1.2 米、4 根 1.6 米和 3 根 2 米长的大木棍。

搭帐篷这样的体力活，大家自然是推给胖胖干的。胖胖看了看这一大堆材料，比画了老半天，总算有了主意。他拿 4 根 1.2 米长的木棍当柱子，4 根 1.6 米长的木棍当横梁，搭出了一个整齐又漂亮的帐篷架子。

斑斑把多多摘来的芭蕉叶盖在架子上做屋顶，刚放好，就见小屋吱吱呀呀地晃了两下，“嘭”的一声全倒了。

“哈哈……”躺在一边吃野果的多多笑道，“胖胖你难道不知道四边形是不稳定的吗？在四条边的长度确定的情况下，角度却可以随意改变，所以很容易就变形了。”“多多说得对，”斑斑接口道，“建筑要用三角形，三角形的三条边一旦确定了，角度也就固定了，所以不会变形,是最牢固的。让我来吧！”

斑斑老想把自己捡来的小树枝用上去，可拼来拼去怎么也凑不出个三角形来。

它先把 2 米和 1.2 米的木棍跟自己的小树枝放在一起，发现 1.2 米的木棍太短了。

于是斑斑把 1.2 米的木棍搬走，换上 1.6 米的，又觉得 2 米的木棍太长了。

最后只剩下一种组合，斑斑把 1.2 米、1.6 米的木棍和自己的小树枝放在一起。可无论它怎么摆，也摆不出一个三角形，斑斑急得满头大汗。

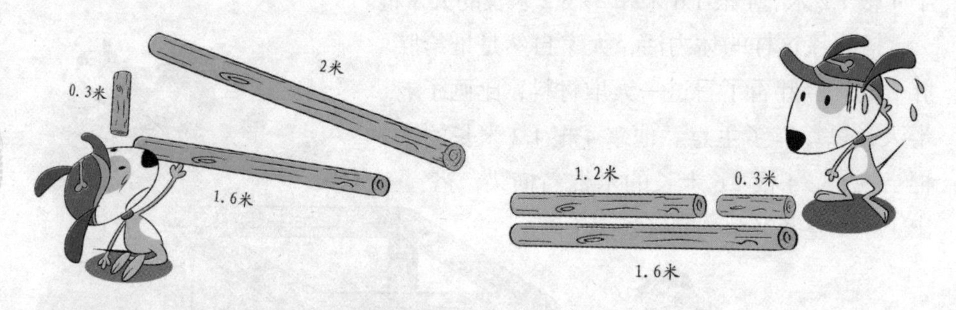

名师讲堂

在三角形中，三条边之间有“任意两条边的长度之和大于第三条边”的关系。如下图所示：

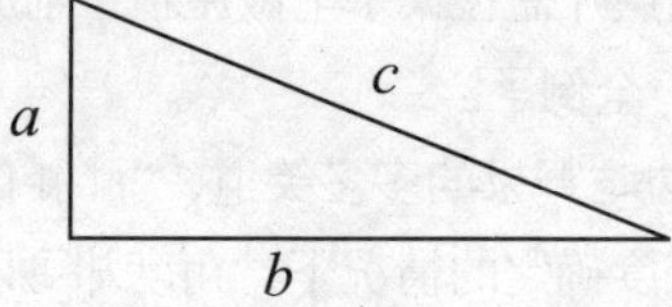

根据图示，我们能发现：

$a+b>c$

$a+c>b$

$c+b>a$

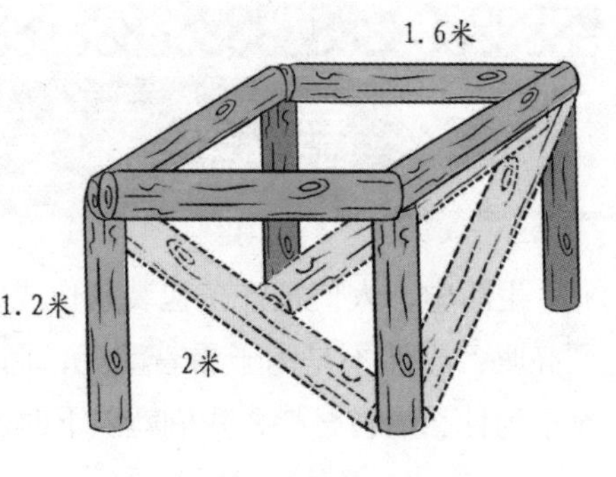

这就是三角形三边关系定理：三角形两边之和大于第三边。

这时，多多伸了个懒腰站起来，走到斑斑和胖胖跟前，说：“你们这样当然弄不出三角形来，两根较短的木棍接在一起至少得比最长的那根木棍长。斑斑你的那些小树枝太短了，不能用。这些 1.2 米、1.6 米和 2 米的木棍，恰好能满足我刚刚说的条件。胖胖，你先搭好你刚开始的时候搭的架子，然后在东、北、西三面的对角线上绑上 2 米的木棍，留下南面做门，既方便进出又可以看星星。这样小屋就既牢固又实用了。”

听完多多的分析，斑斑和胖胖打心眼儿里佩服。三人一起动手，不一会儿，帐篷就搭好了。

最经济的立体形状

生活中，人们把许多包装制作成圆柱体，这是为什么呢？是圆柱体看上去漂亮吗？当然不是为了看着漂亮，而是因为做成圆柱体是最节省材料的做法。至于为什么最省材料，我们就以下面这个罐头罐来解释吧！

瞧！这个上下都是圆形的物体就是个圆柱体！

步骤一

要想知道这个罐子用了多少材料，我们就要知道这个罐子的表面积是多少。在计算表面积之前，我们先把它割开，得到两个完全一样的圆形（圆柱体的两个底面）和一个长方形（圆柱体的曲面）。

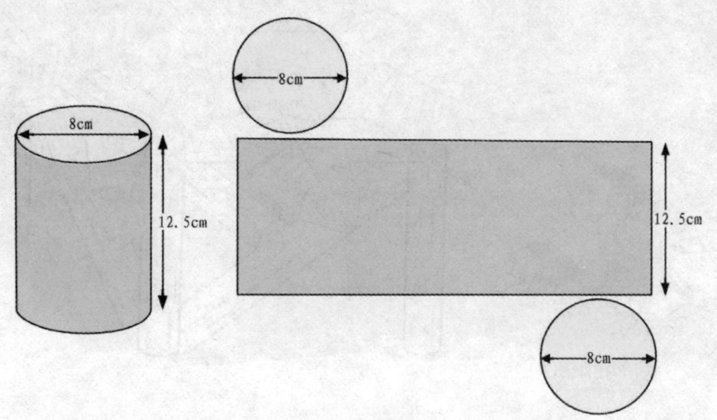

罐体的高是 12.5 厘米，上下底面的直径是 8 厘米，所以割开后的长方形的高和圆形的直径分别是 12.5 厘米和 8 厘米。计算整个圆柱的表面积可以利用下面的公式。

表面积＝底面面积 ×2 ＋曲面面积

现在先计算底面面积：底面面积＝ π × 半径 × 半径

＝ 3.14×4×4

＝ 50.24（平方厘米）

已知曲面（长方形）的宽是 12.5 厘米，长就是底面圆的周长。

曲面的面积＝长 × 宽

＝ π × 直径 × 宽

＝ 3.14×8×12.5

＝ 314（平方厘米）

最后，将底面积和曲面面积代入最初的表面积公式中：

表面积＝底面面积 ×2 ＋曲面面积

＝ 50.24×2 ＋ 314

＝ 100.48 ＋ 314

＝ 414.48（平方厘米）

步骤二

现在，我们来计算一下制作一个和这个圆柱体高度和体积相同的长方体，要用多少材料。

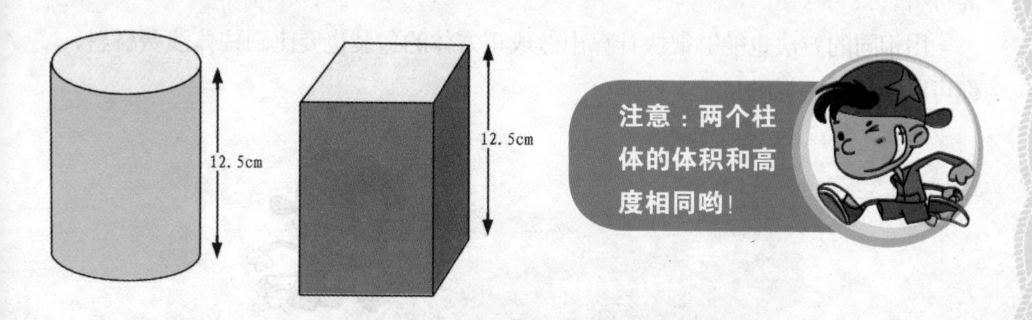

在计算表面积之前，我们也把长方体割开，得到两个一样的正方形和一个长方形。

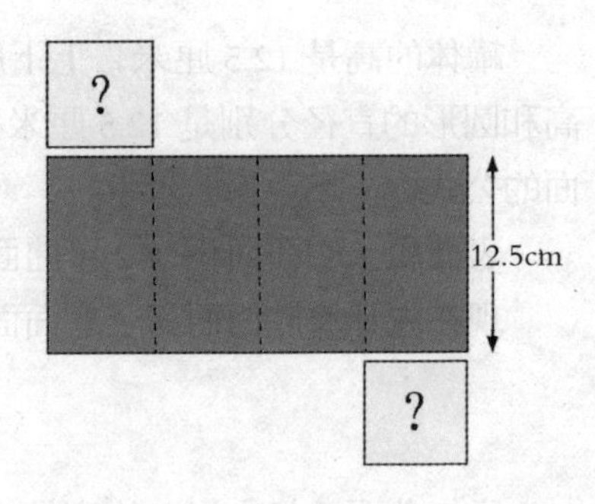

长方体的体积和高要和圆柱体一样的话，它们的底面面积一定是相等的，都是 50.24 平方厘米。不同的是长方形的长是一个小正方形的周长，也就是 28.36 厘米。

已知正方形的面积，求正方形的边长，是一个开平方的过程，在今后的学习中会具体学到，此处不再展开讲解。

侧面面积＝ 12.5×28.36

＝ 354.5（平方厘米）

整个长方体的表面积＝ 50.24×2 ＋ 354.5

＝ 454.98（平方厘米）

步骤三

由此不难看出，做成长方体需要 454.98 平方厘米的材料，而制成圆柱体只需要 414.48 平方厘米。体积相同，圆柱体却比长方体节约了将近 40 平方厘米的材料。

用相同的方法也能够很快计算出做成正方体的包装也要比圆柱体浪费材料，你可以动手算一算哟！

难怪生活中有那么多的物品都是圆柱体包装呀。

复杂多变的角

一个小圆点，两条直线就组成了我们今天的主角——角！瞧，它来了。

什么是角

实际上，组成角的两条线并不是直线，而是射线。两条射线相交的地方，叫作“角的顶点”；两条射线分别叫作“角的边”；组成角的两条边分开的大小就是角的“角度”。

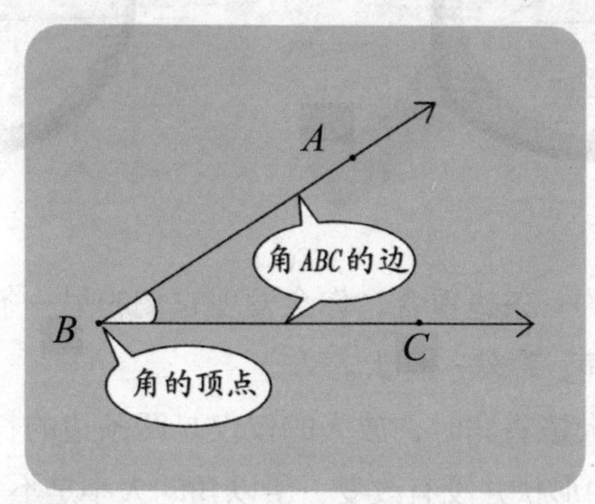

角的特征

如果时钟上的两根指针不能相交，就构不成一个角。只有两条直线在同一个点相交的时候，才能形成一个角。

无法形成角　　　　可以形成角

角的特征之一：两条直线必须在一点相交。

观察下面两个角，哪个大?

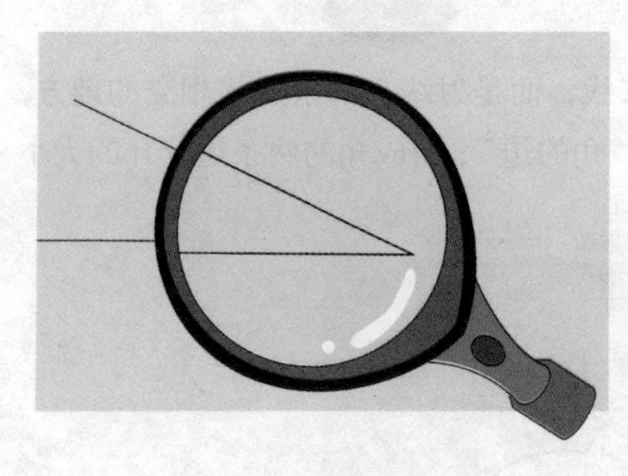

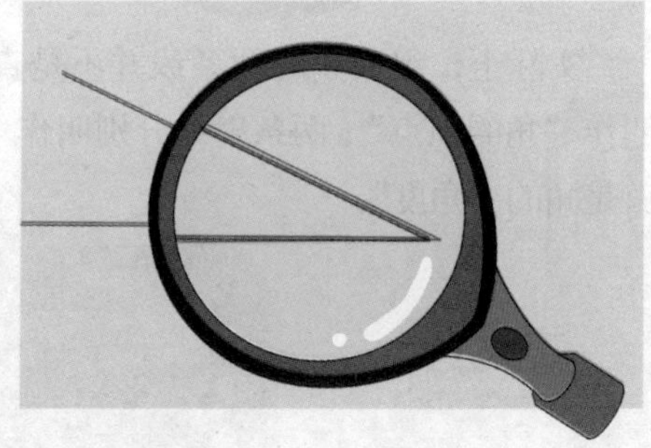

我们把两个角的一条边重合，你会发现它们的另一条边也能重合，看起来完全不一样的两个角，竟然一样大。

这是因为用放大镜看角时，放大的仅仅是两条边的长度，而这两条边张开的幅度，也就是角的形状并没有改变，所以角的大小是不变的。

角的特征之二：角的大小和边的长度、粗细无关。

对比下面三个角，我们能发现，角的开口越大，角越大。

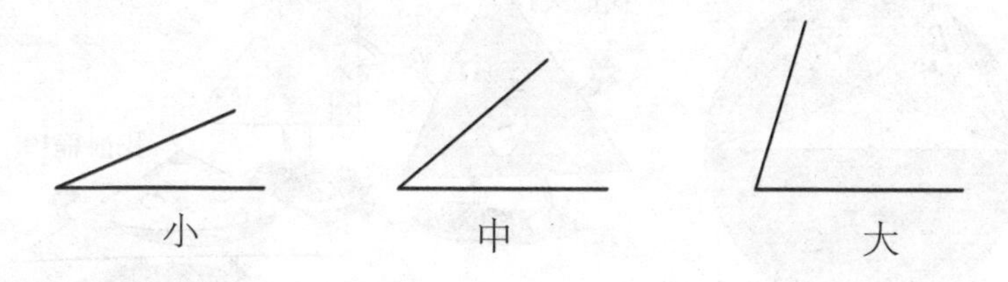

角的特征之三：决定角的大小的，是角的两条边开口的大小。

角的种类

一、平角和直角

如果从一点出发的两条射线位于同一条直线上，这时形成的角叫“平角”。平角的度数是 180 度，等于两个直角度数之和。因此平角的一半是直角。

二、锐角和钝角

我们可以根据角的大小来划分角的种类，这时要用直角作为标准。为什么呢？很简单，因为直角位于中间位置。

像这样，在划分角的大小的时候，有的角比直角大，但小于 180 度（平角），这样的角叫作钝角；有的角比直角小，但大于 0 度，这样的角叫作锐角。

直线和直线组成的角

当直线和直线相交时，会有一个交点，这个交点和两条直线在一起就组成了角。

两条直线相交时，产生的角称为对角（如下图）。

两条平行直线和第三条直线相交时，产生的角很多，其中如果两个角在直线 a 和 b 的同一方，并且在直线 c 的同一侧，叫作同位角（如下图）。如果两个角在直线 a 和 b 的不同方向，并且位于直线 c 的两侧，叫作补角（如下图）。

对角　　同位角　　补角

生活中总能看见很多角，快看看你的周围还有哪些角吧，哪些地方会出现同位角和补角呢？

移火柴棍游戏里的数学

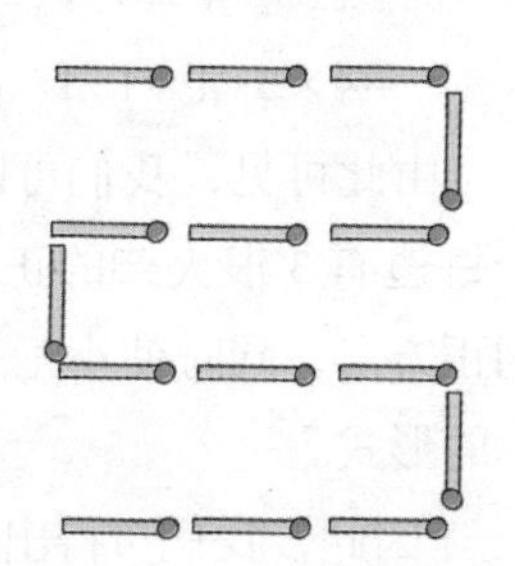

周末，多多和斑斑在家里做游戏呢。多多从一盒火柴中取出 15 根，摆成弓字形（如右图所示），要求斑斑将这些火柴摆成两个正方形，但只能移动其中的 4 根，要怎样移动呢？

斑斑一看，立刻投入到移火柴棍的行动中去了。

那么，需要如何移动呢？你能帮帮斑斑吗？

名师讲堂

对于这道题，一动手移动火柴棍，就会发现，先要知道两个正方形各是多大，才能确定如何移动火柴棍。所以不妨先做一点儿简单的计算。

因为一个正方形的四边所用火柴棍的根数相同，所以排成一个正方形所用火柴棍的根数是 4 的倍数。

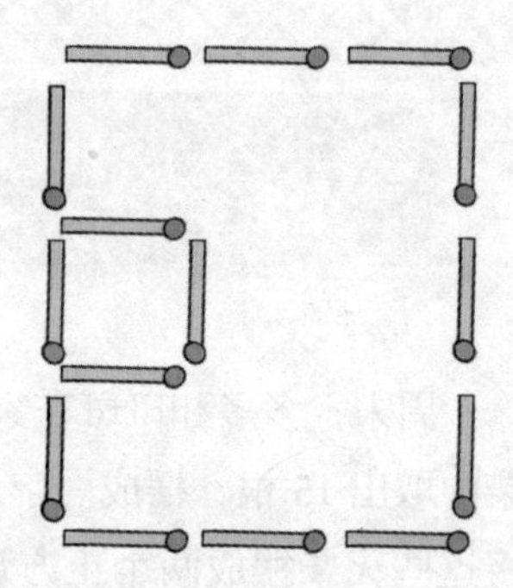

原图共有 15 根火柴，我们先试着从 15 中拆出一个 4 的倍数，可以得到：

$15=12+3$

$=12+4-1$

$=4\times 3+4\times 1-1$

由此可见，我们可以设法用 15 跟火柴棍排成一个每边有 3 根火柴的正方形和一个每边有 1 根火柴的正方形，同时使小正方形有一边在大正方形的边上，例如可以排成如右图所示的形式。

因此，我们可得出从原图移动 4 根火柴得到新图的方法。如下图所示，其中虚线表示移动的火柴。

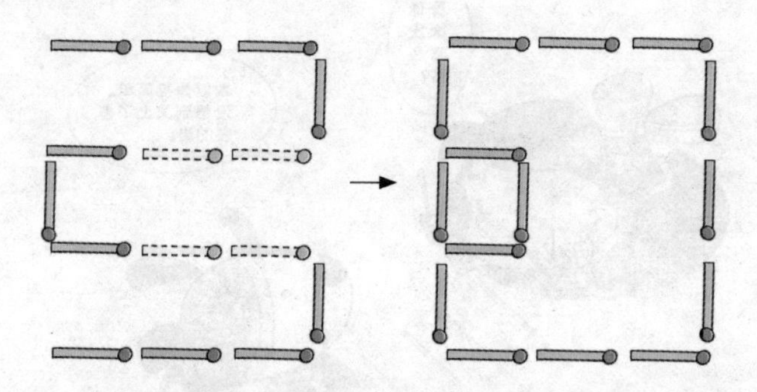

第三章

让人眼花缭乱的度量衡

没有单位就乱套

“多多，这是你让我带的文具，我让我爸爸打过8折了。”一大早，多多的同学就拿来一大袋东西给他。

“啊？怎么这么多？”多多奇怪地问，“是照我的购物单买的吗？”

“没错啊，不信你核一核。”同学不快地说。

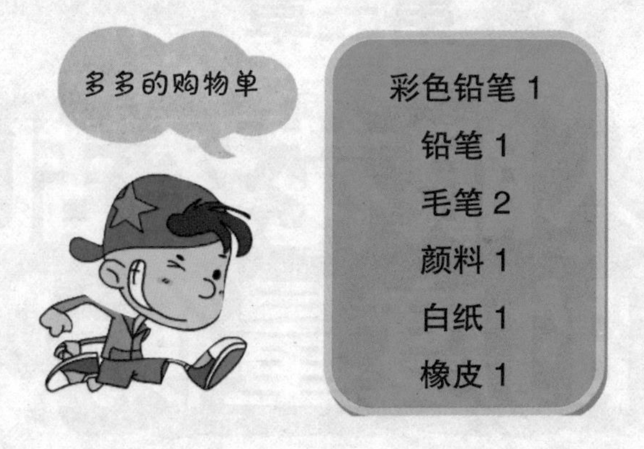

多多一边从袋子里往外拿东西一边说：“48色彩色铅笔？可我只要12色的就够用了。铅笔也是1套啊？可我只想要1支HB的。”

“我以为铅笔和彩色铅笔你都要一整套呢，你自己也不写清楚。”多多的同学埋怨道。

“橡皮怎么有4块？”多多问。

“4块是1盒啊，你买了这么多铅笔，总不能只要1块橡皮吧。”

“哎呀！毛笔太大了，我拿不住。”多多郁闷道。

“这是最常用的‘大白云’，你不写清楚，我就给你拿最流行的了。”

“颜料的每种颜色都是用盒装的啊，太多了，我用10年也用不完啊。”多多开始头疼了，“白纸我是想要1打，但是，我想要的是小张的，这些纸太大，比我桌子还大……”

“反正我是照着你的购物单买的，现在赶紧给我钱吧，一共452元。”多多的同学不耐烦了。

“啊！这么多，我要破产了！”多多只向妈妈要了50块钱买文具，现在还不够付账单的零头，又不能再找妈妈要，多多只好动用自己存压岁钱的小金库了。

多多本来想买的：

12色彩色铅笔1套
HB铅笔1支
橡皮1块
小号毛笔2支
小号管状颜料1套
A4白纸1打

价钱：不超过50元

结果买到的：

48色彩色铅笔1套
铅笔1套
橡皮1盒
“大白云”毛笔2支
盒装颜料1套
全开白纸1打

价钱：8折后452元

名师讲堂

没有单位的数字就没有明确的意义，多多这次是吃了大亏了。

你有没有陪妈妈去买过菜呢？通常妈妈会跟菜摊老板说“西红柿要3斤”“大白菜要1棵”“鸡蛋要1打”……不同的东西对应了不同的单位。而单位，就是表达一定数量时所采用的标准。

作为标准，单位有统一的规定

在古时候，各种单位并没有统一的标准，A 地方的“1 斤”只有 B 地方“1 斤”的一半，B 地方的“1 尺”又是 C 地方的 2 倍，结果导致市场混乱。直到秦始皇统一全国之后，我们国家才统一了度量衡。而现在全球也有了统一的单位标准，叫作国际制单位。

最常见的国际制单位

米

国际制单位中的“米”是由法国人最先采用的，他们把通过巴黎的地球子午线上的从赤道到北极点的距离的一千万分之一规定为 1 米。米也是最基本的长度单位。

千克

国际制单位中表示质量的“千克”，是根据位于巴黎的国际计量局里的一块圆柱体合金规定的，这块圆柱体的质量，就是 1 千克的标准。

幸亏秦始皇统一了度量衡，要不然大家做生意岂不乱套了？

国际制单位与我们国家的传统单位的换算

在日常生活中，我们用得最多的还是传统单位。你去买裤子，商场店员会问你的腰围是多少尺；你去买菜，老板会问你要多少斤；你去问路，人家会告诉你离这儿有多少里……那么这些单位和国际制单位该怎么换算呢？

1 米 = 3 尺

1 千克 = 2 斤

1 千米 = 2 里

形形色色的尺子

数学课上，当老师向大家介绍各种测量工具时，多多托着下巴心想：米尺、卷尺、游标卡尺、妈妈量腰围的皮尺、裁缝量布料的木尺……为什么生活中要有这么多尺呢？都用直尺不就行了吗？

镜头1

多多正在专心地画着科学课上要用到的表格，20 厘米长的直尺正好够用。

镜头2

科学课上，老师让大家量出各种物体的长度，然后在表格里填上相应的长度。多多用自己的直尺量得满头大汗。

物体	长度
我的练习本有多宽	14. 5 厘米
我的桌子有多高	62. 3 厘米
我的头发有多粗	?
我的教室有多长	?

名师讲堂

为什么多多测量得这么费劲呢？桌子的高度多多用 20 厘米的直尺量了 4 次才量出来，其他同学用米尺一次就量出来了。头发丝比直尺上最小的刻度“1 毫米”还要细很多，不用游标卡尺是量不出结果的。教室的长度需要用 5 米长的卷尺来量，难怪多多不知道挪了多少遍 20 厘米的直尺还没量出结果来。

日常生活中的尺子

日常生活中我们会见到直尺、米尺、皮尺、卷尺等，那么这些尺子有什么区别呢？我们使用的时候应该如何选择呢？

首先我们要弄明白每把尺的量程和精度。

量程：一把尺一次能够量出的最长的距离。

精度：一把尺上最小的刻度代表的距离。

这样，我们很容易就能把生活中的各种尺子区分开了。

不同的尺子	材料	量程	精度
直尺	塑料	20 厘米	1 毫米
米尺	塑料	1 米	1 毫米
皮尺	皮革	1.5 米	1 寸≈3.3333 厘米
卷尺	钢铁	5 米	1 厘米

根据这些尺子的量程和精度，我们就能按照不同的需要选择恰当的尺子了。

人身上的尺子

出门没带尺子，又需要测量长度的时候怎么办？没关系，其实你身上随时随地都带着尺子呢。一起来认识一下人身上的尺子吧！

一拃

多多的书越来越多，再加上最近又新买了一台电脑，原先的小书桌已经不堪重负了。所以多多妈妈决定带他去家具城买一个带书架的新书桌。

可是多多的房间空间有限，书桌长不能超过 120 厘米。多多看中了一款漂亮的书桌，可出门时又忘了带卷尺，到底买不买呢？

多多正发愁呢，妈妈走过去用手比画了几下，就决定将书桌买下来。妈妈是如何量出书桌的尺寸的呢？

原来，妈妈是用“拃”来测量书桌的尺寸的。

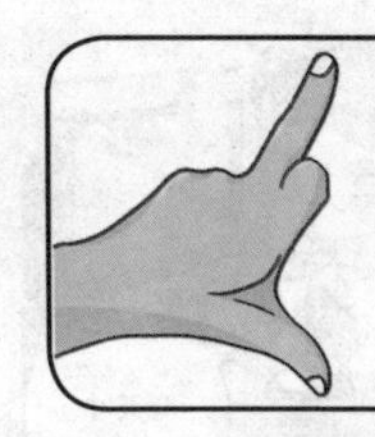

一拃：人的拇指和中指张开，之间的距离就叫作一拃。

不过每个人的拃都是不一样的，你得先熟悉你自己的尺寸才行。例如多多妈妈的一拃为 15 厘米，经过妈妈的测量，书桌长度为 7 拃，因此可以估算出长度为 $15\times7=105$（厘米），小于 120 厘米，是能够放进房间的。

测一下：你的一拃是多少？

一步

紧接着多多又和妈妈去五金店买网线，因为新电脑需要从客厅牵一根新网

线才能上网。可是网线应该买多长呢？还是得用到妈妈的身体尺子，只不过这一次不是手了。妈妈从客厅接网线的地方走到多多的电脑前需要 20 步，每一步约 40 厘米，赶紧算一下需要网线的长度吧。

从客厅的网线接口到电脑的距离是 20×40 = 800（厘米），也就是 8 米远。这当然不够，还得考虑到房子的高度，因为网线都是走屋顶的，不能在空中牵线，否则会影响日常生活。房屋的高通常为 2. 8 米，一上一下就是 2. 8×2 = 5. 6（米）。那么总共需要的网线就是 8＋5. 6 = 13. 6（米）。由于五金店都是以米为单位卖网线的，所以得买 14 米。

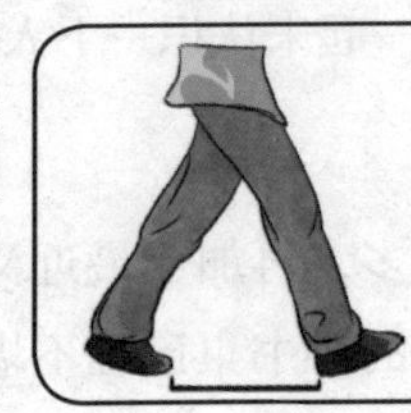

一步：人迈开一步，前脚跟到后脚尖的距离。

多多的数学小锦囊

我国古老的尺和丈

早在夏禹治水的年代，禹这个人就把自己的身高规定为 1 丈，把 1 丈的十分之一叫作 1 尺。这也是为什么我们把男子汉叫作“大丈夫”的原因。

衡量金字塔的尺

古代的埃及人把从中指到手肘的长度称作“腕尺”，金字塔当年就是用这把“腕尺”测量出来的。

广泛应用的英寸

你家的电视有多大？你妈妈的手机屏幕有多大？这里的计量单位都是英寸。

英寸当年也是以英国人身上的一部分作为标准的呢，他们把一节大拇指的长度叫作英寸。

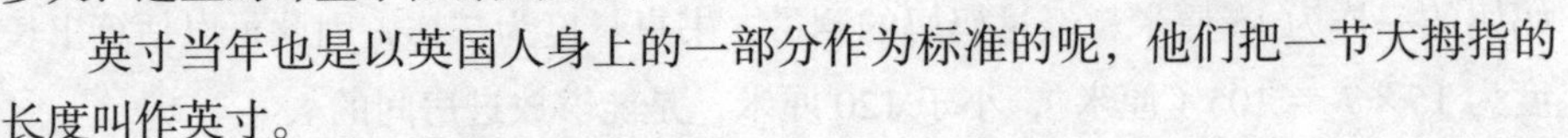

一个长度单位怎么表示面积？

英寸是一个长度单位，可人们却用它来表示面积，这是怎么回事呢？

各种面积单位

什么是面积单位

长度表示的是一段距离的大小，是线段的长短，那一张纸、一本书、一个桌面的大小该用什么表示呢？

对啦，就是面积。那面积的单位又是什么呢？很简单，完全不需要重新创造，只需要把长度单位平方就行了。

长度单位与面积单位的对照表

长度单位	面积单位	面积单位表示的意义
米	平方米	边长为 1 米的正方形的面积
厘米	平方厘米	边长为 1 厘米的正方形的面积
千米	平方千米	边长为 1 千米的正方形的面积

多多家是一个顶楼的小复式，共 2 层楼加上一个赠送的小露台。其中 1 楼的面积是 65 平方米，2 楼的面积是 52 平方米，露台是一个长 5 米，宽 3 米的长方形，再加一个半径为 1 米的半圆。那么多多家的总面积是多少平方米?

【计算过程】

露台的面积＝长方形的面积＋半圆的面积

长方形的面积＝ $5\times3=15$（平方米）

半圆的面积＝ $3.14\times1^2\div2=1.57$（平方米）

所以，露台的面积＝ $15+1.57=16.57$（平方米）

多多家的总面积＝ $65+52+16.57=133.57$（平方米）

多多说：“原来我们家有 100 多平方米啊，真大！妈妈，那我们小区一共有多大啊？”

妈妈说：“嗯，我们小区有 2 000 公亩！”

多多想：“2 000 公亩是多大呢？”

1 公亩 =100 平方米，1 公顷 =10 000 平方米

谁的体积比较大

“多多，你怎么一伸手就拿了个最大的鸭梨，没学过孔融让梨的故事么，快把那个大的让给我。”多多爸爸开玩笑地说道。

“哎呀！你还要跟小孩子抢东西，也不知道害臊。”多多调皮地朝爸爸做了个鬼脸，“再说，你凭什么说我的鸭梨是最大的，你又没量过。我还觉得你的更大呢！”

一旁的妈妈听了觉得又好气又好笑，爸爸好心教他要礼让，他倒找出一大堆理由来。于是妈妈走过去对多多说：“既然你觉得爸爸的鸭梨大，爸爸又觉得你的大，那正好，你俩互换一下不就都开心了？”

多多一愣，心想，这次又要吃哑巴亏了。

巧测体积

比较不规则形状的物体时，我们没法通过公式计算，只有借助别的手段来比较了。

多多的鸭梨和爸爸的鸭梨比大小步骤

1. 将一个能装下整个鸭梨的大碗加满水，水要加到快溢出的程度，碗下面放一个比较深的盘子。

2. 将鸭梨全部浸入水中，碗里面的水会溢到盘子里。

3. 将盘子里的水全部倒入一个细长的玻璃杯中。

4. 另一个鸭梨也重复同样的过程，并且最后装水的玻璃杯必须是一样的。然后比较水面的高度，水面高的鸭梨的体积就大。

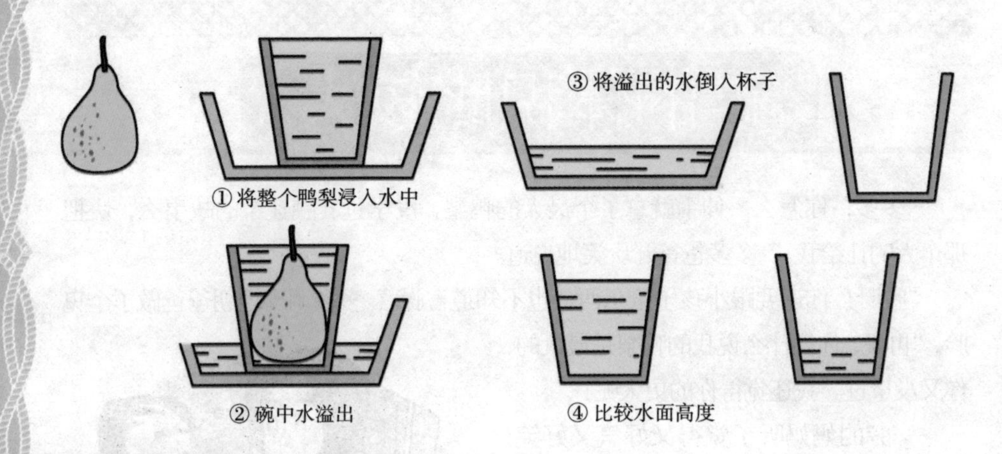

用水面的高度来比较体积的大小看似是万能的，但它并不是一种精确的方法。想要得到精确的数据需要学会如何计算体积，这首先得从认识体积单位开始。

当你去超市买可乐的时候，你注意到不同的包装上面都标注了不同的容量吗？易拉罐上标着“350mL”，小塑料瓶上标着“500mL”，大瓶上标着“1.5L”。这些数字后面的“mL”和“L”都是容积单位。

那么L（升）和mL（毫升）到底是多少呢？

我们仍然可以用长度单位的乘积来理解：

1升是边长为10厘米的立方体的体积，

即 $1\text{L} = 10\text{cm} \times 10\text{cm} \times 10\text{cm} = 1\,000\text{cm}^3$。

1毫升是边长为1厘米的立方体的体积，

即 $1\text{mL} = 1\text{cm} \times 1\text{cm} \times 1\text{cm} = 1\text{cm}^3$。

也就是说，1L是1mL的1 000倍。

容积是指容器所能容纳物体的体积，所以容积单位也是体积单位的一种。

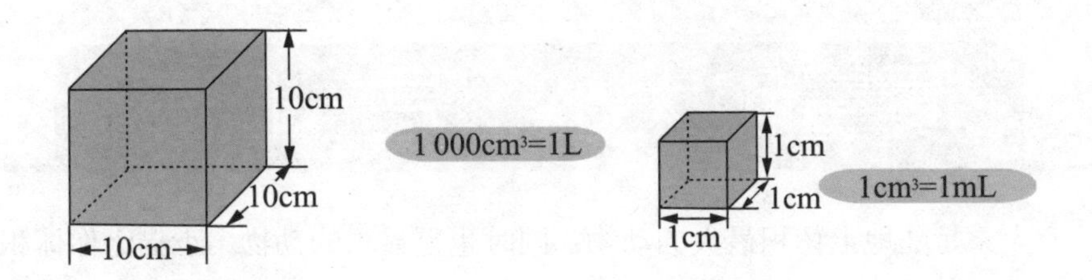

容积单位间的换算：

常用的容积单位 mL、L、kL（千升）之间的进率都是 1 000。

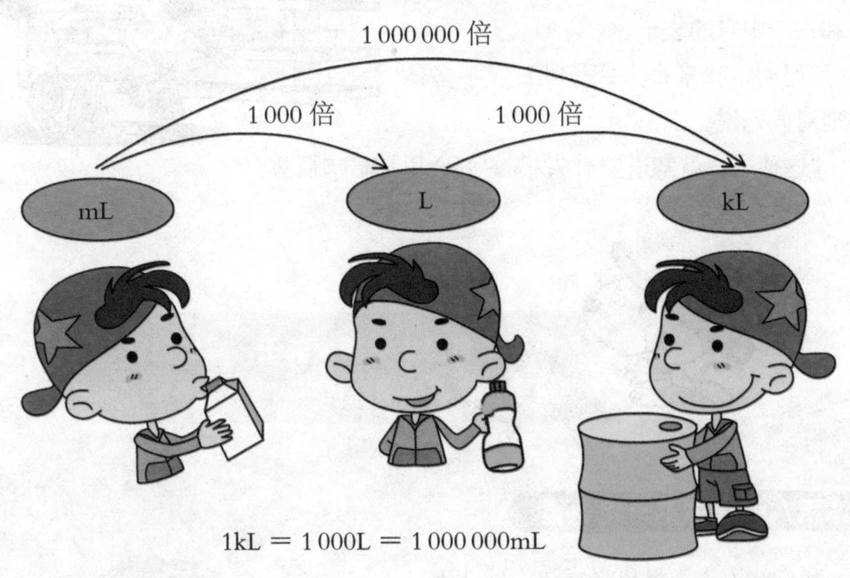

质量和大小不是一回事

大象是陆地上体积最大的动物，同时也是最重的动物。小猫比你体积小，所以质量也比你轻……看起来好像越大的东西越重，事实会是这样吗？

场景一

多多和妈妈去逛超市，大大小小买了好多东西，足足装满了一个大号的袋子和一个中号的袋子。

“妈妈，我来提大袋子吧！”多多体贴地对妈妈说。

“这孩子，就知道耍滑头。”妈妈心里却暗暗摇头。

为什么多多主动提大袋子，妈妈还觉得多多是在耍滑头呢？

体积大的物体不一定更重

我们知道人类最早是靠热气球飞上天空的，热气球的体积非常大，可是它却比空气还轻，以至于能在吊篮里载着好几个人一起飞起来。

名师讲堂

质量和长度一样，也可以拿来比较大小，但是比较之前，我们首先得确定一个标准，这个标准就是质量的单位。

常用的国际制质量单位的实际大小和它们之间的换算

单位	与千克的关系	代表的物体
千克（kg）	1 千克	20 个鸡蛋或者 2 瓶 500mL 装的可乐
克（g）	0. 001 千克	20 滴水或者小半勺盐
吨（t）	1 000 千克	20 个人或者一头小象

质量单位之间的关系图

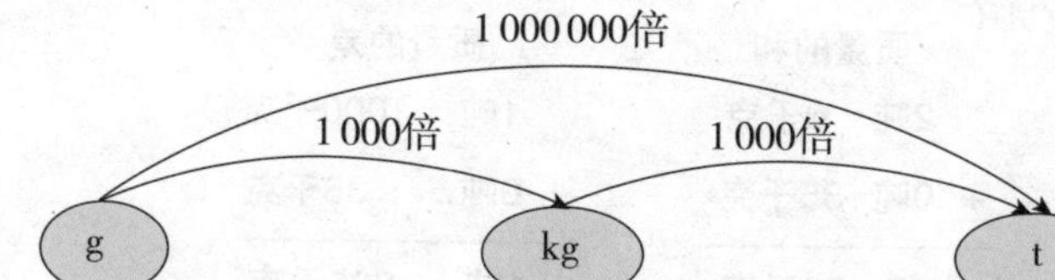

场景二

“我好想当宇航员！”多多手托下巴，呆呆地说。

“当宇航员确实很帅啊。”斑斑表示赞同。

“我可不是为了帅才去当宇航员的。”多多白了斑斑一眼，意思是说它真肤浅。

“想不到你是有远大理想的人！”斑斑肃然起敬。

“听说月球上的重力只有地球的$\frac{1}{6}$，当宇航员会由于不受重力的限制而长高的……”多多一脸羡慕。

“……”

名师讲堂

如果你觉得自己太胖了，想要迅速减肥，那么就去月球吧，保准你立马减掉$\frac{5}{6}$的质量。因为月球上物体的质量只有在地球上的$\frac{1}{6}$。而在没有重力作用的宇宙中，你的体重甚至会变成零，这时候你会长高 8 厘米左右。

可你真的觉得在宇宙中长高是件很棒的事吗？实际上如果你真的在宇宙中生活了很长时间，骨头会变得很脆，回到地球后很容易骨折呢！

质量的运算

一头大象重 2 吨，多多的体重是 35 千克，那么大象和多多一共有多重？大象又比多多重多少呢？

质量的和			质量的差	
	2吨	0千克	1吨	1000千克
+	0吨	35千克	− 0吨	35千克
	2吨	35千克	1吨	965千克

质量虽然和体积的大小没有必然联系，但是它们单位的换算关系却相似。体积单位 mL、L、kL 之间的换算关系和质量单位 g、kg、t 之间的换算关系一样，相邻两个单位之间的进率都是 1000。

长度单位与时间单位组成速度单位

最爱看的动画片还有 5 分钟就要开始了，可多多离家还有 1 000 米远，多多可不想错过这一天中仅有的一集，怎么办？一个字，跑！

时间、速度与路程

1. 如果多多走路的速度是 5 千米 / 时，那么多多走回家后，动画片已经开始多久了？

计算过程：

多多走回家需要 1 ÷ 5 = 0.2（小时）= 12（分）

动画片已经开始了 12−5=7（分）

2. 如果多多不想错过动画片的任何一个情节，那么他要用多快的速度跑回家？

计算过程：

多多跑回家的速度 = 1 000 ÷ 5 = 200（米/分）= 12（千米/时）

你是不是也有这样的经历？时间不够了，路程没法改变，只好加快自己的速度。可见，时间、速度、路程是 3 个相互关联的量。用数学公式表示出来就是：

时间 × 速度＝路程

由长度和时间的基本单位推导出速度单位

既然时间、速度、路程的数值满足这个关系式，那么它们的单位也应该满足。

长度单位	时间单位	速度单位＝长度单位 ÷ 时间单位
米	秒	米／秒
千米	时	千米／时

速度单位的换算

多多跑步的速度是12千米／时，斑斑跑步的速度是5米／秒，多多和斑斑谁跑得快？如果斑斑在放学的时候从家里跑去接多多，多多同时也跑回家，学校和家相距15千米，那么多长时间后他们能相遇？

【计算过程】

首先要将斑斑的速度换算成千米／时。

5米＝$\frac{5}{1\,000}$千米

1秒＝$\frac{1}{3\,600}$时

所以5米/秒＝$\frac{5 \div 1\,000}{1 \div 3\,600}$千米/时＝18千米/时，因此斑斑比多多跑得快。

相遇时间＝总距离 ÷ 速度和＝15÷（12＋18）＝0.5（小时）

名师讲堂

米／秒和千米／时，谁大？

恐怕很多同学都会不假思索地说“千米／时大，因为千米和小时比米和秒都要大”。可实际情况是怎样的，我们要算了才知道。

$$1米/秒＝\frac{1米}{1秒}＝\frac{\frac{1}{1\,000}千米}{\frac{1}{3\,600}时}＝3.6千米/时$$

也就是说，1 米 / 秒是 1 千米 / 时的 3.6 倍！

跑得再快也没有思维快

世界上跑得最快的动物是猎豹，时速最快可达 130 千米，比有些火车还快。可大脑思维传导的速度可以达到 500 千米 / 时，即使是高铁也追不上。

闪电比雷声跑得快

闪电和雷声都是在同一时间、同一地点发生的，可为什么我们总是先看见闪电呢？做个简单的计算你就知道了。

声音在空气中传播的速度为340米/秒,闪电传播的速度为300 000千米/秒。若打雷的地方离我们有 5 千米远，那么雷声得过 $5000 \div 340 \approx 14.7$（秒）才能传到我们耳朵里，而闪电不到万分之一秒的时间就被我们看见了。

长生不老的速度

为什么闪电那么快？因为光速是宇宙中的绝对速度，没有什么比它更快了。爱因斯坦的相对论说，如果你能以光速运动，那么时间对你来说就是静止的。

也就是说，如果你具有光速，你就长生不老了！

多多认识温度与热量的单位

场景一

星期六一早多多就觉得自己头晕目眩,拿体温计一量,38度7！多多郁闷道："完了，发烧了，我还打算今天去踢球呢。"

"我都98.7度了，也没怎么样啊，38度7算什么。"斑斑笑道。

"骗人！人的体温如果升到42度就活不成了，你怎么可能有98.7度？你不会也发烧，烧糊涂了吧？"多多一脸不相信。

斑斑真的有98.7度，并且还是正常体温，你知道这是怎么一回事吗？

名师讲堂

温度单位

多多确实是发烧了，斑斑也确实是体温正常。这是因为他们所采用的温度单位不同。

摄氏度

摄氏度是目前使用得最广泛的一种温度单位，写作℃。它把水结冰的温度规定为0℃，水沸腾的温度规定为100℃。这之间的温差，等分为100份，每一份为1℃。

华氏度

美国和英国一些以英语为主要语言的国家则主要使用华氏度为温度

单位，而很少使用摄氏度。华氏度写作℉。

水结冰的温度如果用华氏度表示则是 32 ℉。

绝对温度

科学家常使用绝对零度代表宇宙的最低温度，也就是 −273. 15℃。

生活中常见的温度

0℃是冰水

23℃是春天

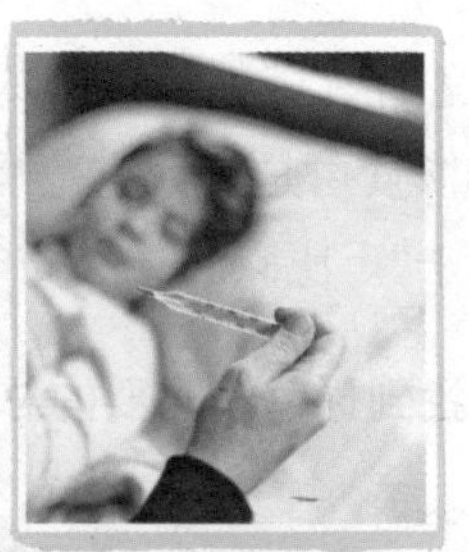

37℃是体温

85℃泡杯咖啡

100℃水沸腾

场景二

多多妈妈正在称体重：“哎呀！这个月又胖了 5 斤，我的新裙子怎么穿啊！”

“那能怪谁，谁让你那么喜欢吃高热量的东西呢。”多多在一旁看电视，漫不经心地回了一句。

“高热量？我不爱吃热的啊。”多多妈妈不解地说。

多多无奈地转头看向妈妈：“热量不是指食物的温度啦，是说食物的能量。”

热量单位

怎样才能保持苗条的身材呢？首先当然是要合理地安排我们的饮食啦！合理的饮食可是有数字范围的，而这个范围的标准就是热量单位——卡路里，简称“卡”。比它大一级的单位是千卡，1 千卡＝1 000 卡。

找到你每天需要的总热量

不同的人每天需要的热量

儿童			成人	
3 ~ 5 岁	5 ~ 7 岁	7 ~ 12 岁	女性	男性
1 550 ~ 1 750 千卡	1 750 ~ 1 850 千卡	1 850 ~ 2 400 千卡	2 100 ~ 3 000 千卡	2 400 ~ 4 000 千卡

各种食物的热量

你能按照每天需要的热量为自己安排合理的食谱吗？

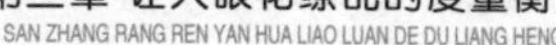

什锦炒饭 800 千卡

牛肉面 540 千卡

一碗米饭 210 千卡

一个甜甜圈 280 千卡

一个冰激凌 285 千卡

100 克巧克力 550 千卡

多多妈妈星期天的零食热量计算：

多多妈妈边看电视边吃零食，一天吃掉了 1 大筒薯片（1 072 千卡），一大块巧克力（大约 80 克），2 个冰激凌，3 罐可乐（每罐 145 千卡）。那么仅仅是零食这一项多多妈妈就摄入了多少热量？

计算过程：

$1\,072 + 550 \div 100 \times 80 + 285 \times 2 + 145 \times 3 = 2\,517$（千卡）

光是零食，就已经达到一天需要的热量了，这么吃妈妈能不长胖吗？

多多的火柴棍数学游戏

什么样的数学游戏，小孩子容易做出来，而大人反而做不出来呢？没错，就是火柴棍数学，不信你看！

1. 移动 1 根火柴让等式成立。

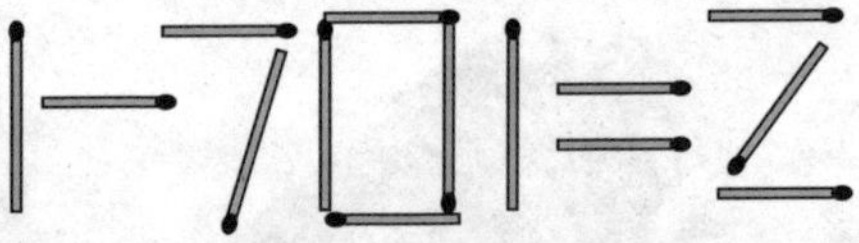

2. 用 3 根火柴摆出一个既大于 3 又小于 4 的数。

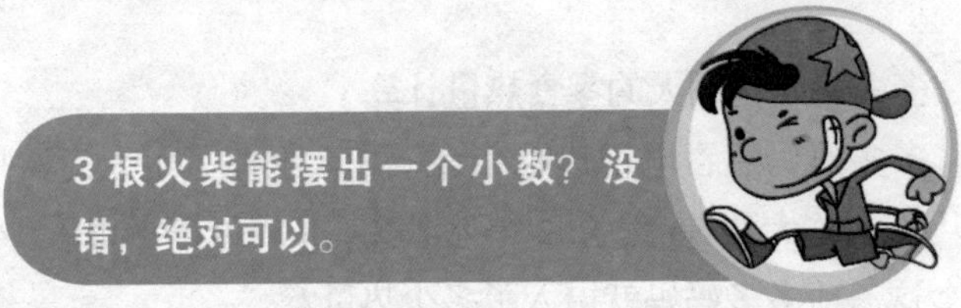

3 根火柴能摆出一个小数？没错，绝对可以。

3. 如下图，13 根火柴组成了 4 个正方形。你能只移走其中 3 根，然后在剩余的火柴当中移动 2 根，使正方形的数量变为 2 个吗？

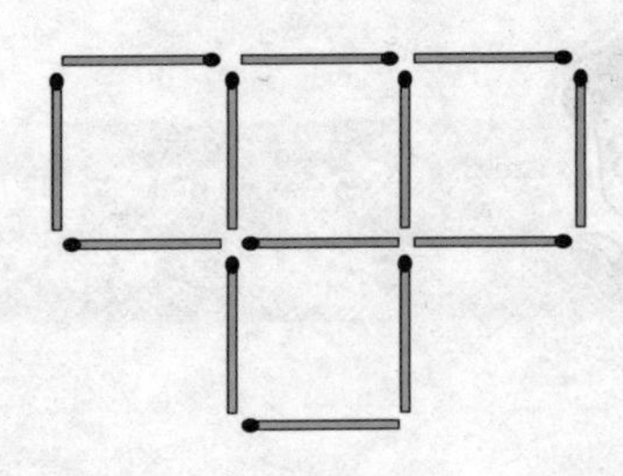

4. 用同样长的火柴，拼 6 个正三角形。移动其中两根，变成 5 个正三角形；再移动两根，变成 4 个……照此方法，怎样才能将正三角形的个数变为 2 个？（正三角形的大小不限，但重叠处不算在内。）

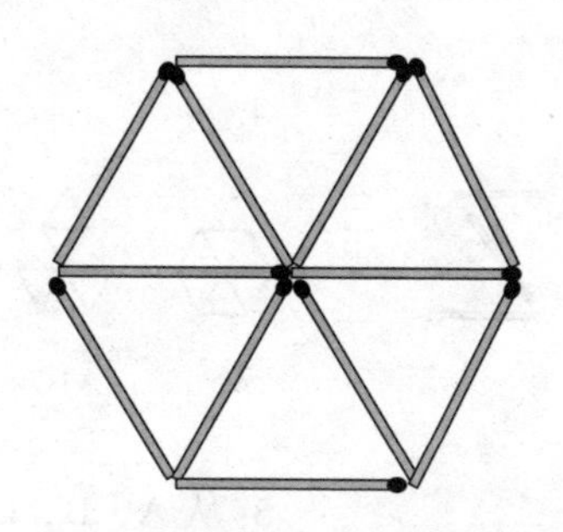

5. 只移动两根火柴，你能重新排列下面的图形，使之出现 8 个与原来大小相同的正方形吗？有几种方法？

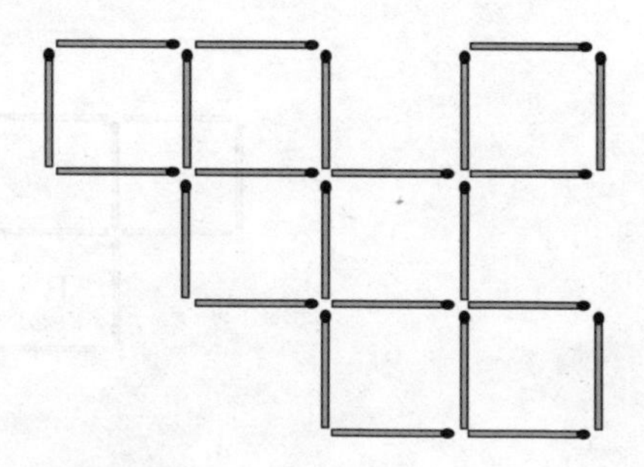

6. 这里有 5 种颜色的火柴，每种颜色各有 4 根。请将其中任意两种颜色的火柴全部移动，使下面的图形中出现 30 个正方形。

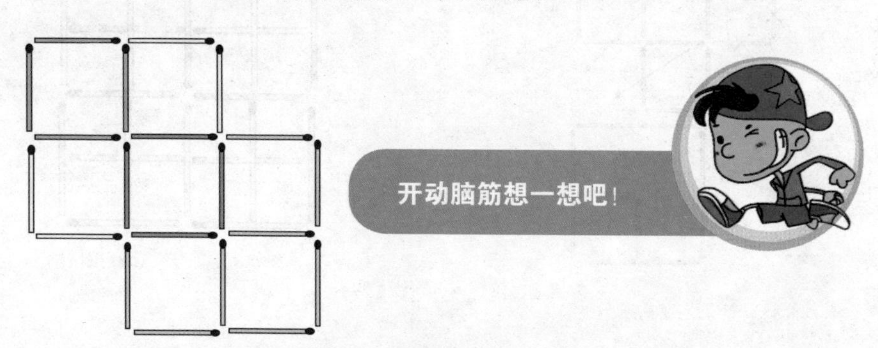

参考答案

1. 1加1=2

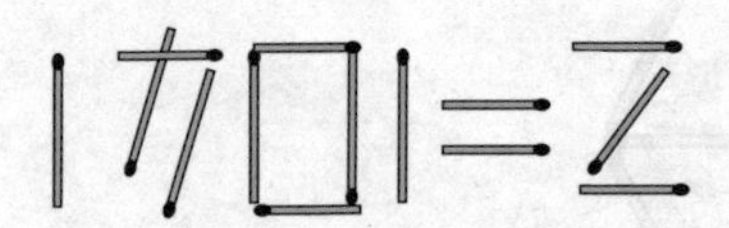

2. π

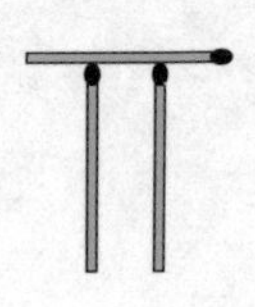

3.

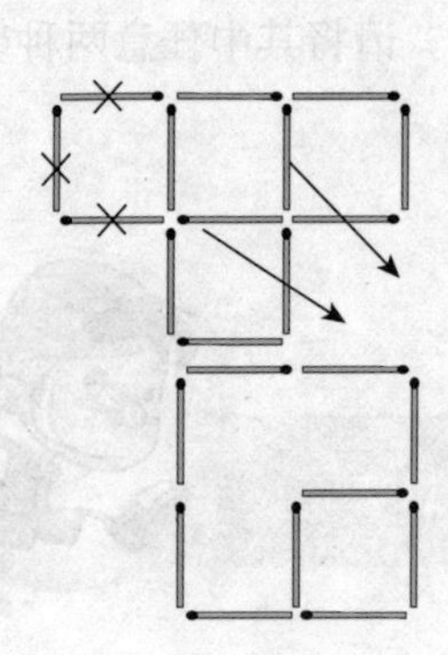

4.

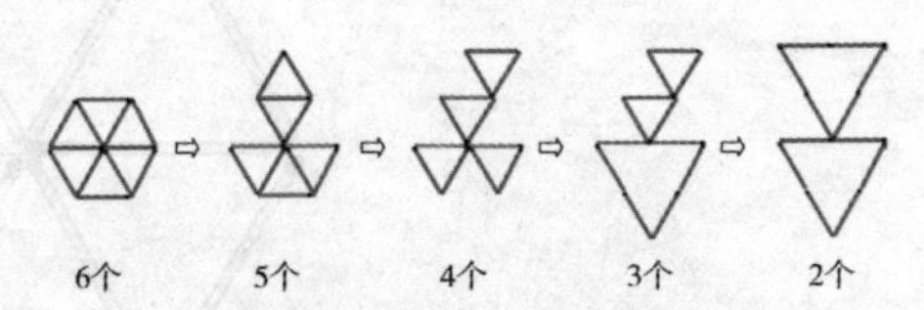

5. 从A、B、C、D中的任意一个正方形的外侧移动2根火柴，使E和F分别组成正方形，一共有4种方法。

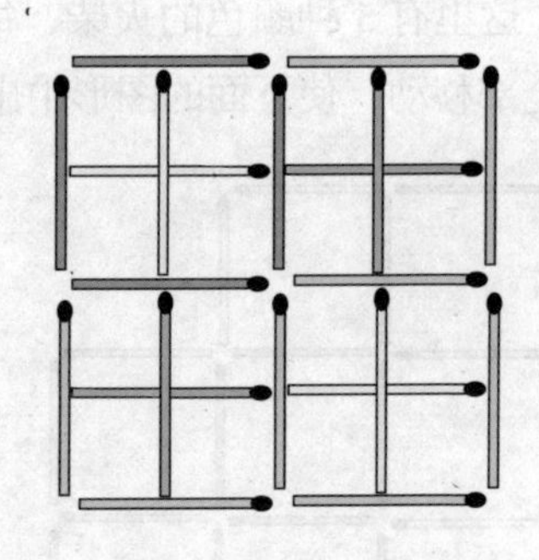

6.

奇形怪状的甜筒

刚进入乍暖还寒的春天，多多和斑斑就抑制不住内心对甜筒的渴望了。夏天还没到，想吃甜筒？那可是要付出代价的哟。

多多妈妈带着多多和斑斑来到购物中心里一家专营甜筒的小店——樱桃甜筒屋。这里装修精美，玻璃橱窗上贴满了各色甜筒的宣传海报，多多和斑斑看得直流口水。他们找了一个靠窗的位置坐下，妈妈微笑着说："你们只能各吃一个甜筒，吃多了肚子会疼，自己选吧。"

多多和斑斑兴奋地捧着价格单，看着看着却皱起了眉头，价格单上各种甜筒让人眼花缭乱，不但口味众多，而且造型各异，究竟该选哪个呢？

樱桃甜筒屋

手卷甜筒	10 元
火炬甜筒	10 元

口味

香草　巧克力
咖啡　草莓
抹茶　杧果
哈密瓜

甜筒变装秀

多多和斑斑为究竟该吃哪种甜筒犹豫不决，他俩干脆把小脑袋凑在一起开始了一场热火朝天的讨论。

斑斑皱着眉头说："手卷甜筒看起来比较'高'，装的冰激凌会多一些吧？"

多多用小手托着下巴说："我觉得火炬甜筒看起来比较'胖'，它装的冰激凌会多一些吧？"

"看来必须要想办法求出这两种甜筒底部的容积！"为了吃到更多的冰激凌，多多发挥了前所未有的探索精神。

"火炬甜筒的底部既不是圆锥也不是圆柱，要怎么计算它的容积呢？"斑斑对多多的决心表示怀疑。

甜筒里也有大学问

多多妈妈在一旁看见他俩绞尽脑汁、冥思苦想的模样，偷偷地笑了，心想不如就趁机考考他俩吧，便随手拿起了桌上的笔在价格单背面画了起来。

多多妈妈一边画图一边说："手卷甜筒的底部是一个圆锥，火炬甜筒的底部是什么图形呢？"

多多和斑斑互相看了一眼，摇了摇头，一脸茫然。

多多妈妈把火炬甜筒的两侧延长，交于一点，又接着问道："这样看呢？"

多多恍然大悟："我看出来了，火炬甜筒的底部是由一个大圆锥减去一个小圆锥得到的！"

多多妈妈微笑着说："我们假设手卷甜筒和火炬甜筒所在的圆锥底面积相等，火炬甜筒的高是手卷甜筒的$\frac{3}{4}$，火炬甜筒所减去的小圆锥的底面积是大圆锥底面积的$\frac{1}{4}$。你们能得出哪个甜筒的容积较大吗？"

多多和斑斑顿时陷入了沉思当中……

过了大概两分钟，多多自告奋勇地说："我算出答案了！"

手卷甜筒 PK 火炬甜筒

设手卷甜筒和火炬甜筒所在的圆锥底面积都为S，则火炬甜筒所减去的小圆锥的底面积为$\frac{1}{4}S$；再设火炬甜筒的高为h，则手卷甜筒的高为$\frac{4}{3}h$。

我们再设火炬甜筒所在大圆锥的底面半径为 R，所减去的小圆锥底面半径为 r，则

$$\pi r^2 = \frac{1}{4}\pi R^2$$

$$r = \frac{1}{2}R$$

根据相似三角形的定理和比例的知识可得，火炬甜筒所减去的小圆锥的高是火炬甜筒所在大圆锥高的一半，所以火炬甜筒所减去的小圆锥的高也为 h。

所以，手卷甜筒的容积为$\frac{1}{3} \times S \times \frac{4}{3}h = \frac{4}{9}Sh$

火炬甜筒的容积为$\frac{1}{3}S \times 2 \times h - \frac{1}{3} \times \frac{1}{4}S \times h = \frac{7}{12}Sh$

$$\frac{4}{9}Sh < \frac{7}{12}Sh$$

即火炬甜筒的容积大。

对应角相等，对应边成比例的两个三角形叫作**相似三角形**。

“哇,原来是火炬甜筒的容积更大,装的冰激凌更多！”斑斑兴奋地大声嚷嚷。

“哈哈，服务员，我们要吃火炬甜筒！要香草口味的！”多多兴奋地喊来服务员。

第四章

做个理财小专家

多多穿越到没有货币的年代

在这个“穿越”泛滥的年代，多多也来赶了一把潮流。悲剧的是，他穿越到了一个非常非常古老的年代——原始社会，更悲剧的是，他带了很多钱，却买不到任何东西。可怜的多多是又饿又渴，却只能毫无办法地四处徘徊……

多多穿越后的悲惨生活

出现这种情况的原因很简单——当时的人不认识货币！

在原始社会物物交换的体系下，人们开始用一些物品，比如牛，来交换他们想要的东西，这就是最早的货币形式。但是，这种货币有很多缺点：对方可能不想要牛，更重要的是，你没法找零……

银子 为了解决这些问题，人们找到了很好的替代品——银子。公元前5000年，中国就已经是最早使用银子的国家之一了。发展到后来，银子被准确称量好重量，以两为单位，又称为银两。

你知道古代1两银子在现代到底值多少钱？

188千克

据史载，明朝万历年间1两银子可以买2石大米（石：古代的重量单位），明朝的1石约为现在的94千克。

2石大米＝94×2＝188（千克）

5×188 = 940（元）

明朝 1 两银子 = 人民币 940 元

如果将这 1 两银子拿到唐朝，它的购买力就更惊人了！贞观年间，1 两银子可以买 20 石大米，当时的 1 石约为现在的 59 千克。

20 石大米 = 59×20 = 1 180（千克）

5×1180 = 5 900（元）

唐朝 1 两银子 = 人民币 5 900 元

贝壳 银子作为货币被使用了几千年的时间，这期间人们还使用贝壳、工具模型（如铁锹或刀）来充当货币。贝壳是从大约公元前 1200 年开始被用作货币的，很多用来表示财富的中国汉字都以“贝”作为偏旁，就是这个原因。

金币 世界公认的第一枚硬币是利迪亚（位于现在的土耳其境内）在大约公元前 640 年，用琥珀金铸造的。可是，这些货币都存在同样的缺点：运输很费力，而且要冒很大的风险。

贝币

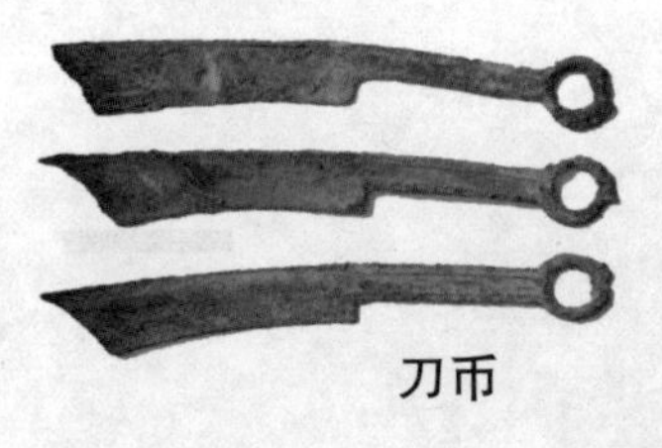

刀币

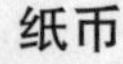

纸币 在 1023 年，中国首次出现纸币，即北宋时期四川地区出现的交子。由于管理不善，交子在 1455 年被停止使用。不过，这是货币发展史上的一大进步，我们现在用的货币——纸币和硬币正是在这个基础上发展来的。

为你的生活买单

One

多多坐在餐桌前吃饭，桌面上、地板上都是饭粒，多多嘟着嘴，用筷子拨着碗里的蔬菜，眼睛却看着一旁的鸡腿。

Two

多多躺在床上呼呼大睡，房间里的电灯全部都没关，多多嘴角流着口水，嘴里还说着梦话："哇，鸡腿，真好吃……"

Three

多多在卫生间刷牙，他一边哼着歌，一边悠闲地刷牙，但是，水龙头却没有关，水"哗哗"地流着……

当妈妈再一次打开多多的房门，发现他又没关灯睡觉时，妈妈的忍耐终于到了极限。为了教育这个不懂得节约的孩子，妈妈决定给他好好上一课。

第二天晚上，妈妈将多多叫到书房，给了他一摞厚厚的账单。它们到底是什么账单呢？其实，这些都是与每个人的生活密不可分的生活账单：电费单、水费单、煤气费单……看到这些，多多这才知道，原来每个人的生活账单这么吓人！

名师讲堂

每个人生活所必需的东西，主要包括以下五个方面：

一、住房

多多家的老房子要拆迁了，现在，他们面临一个严峻的问题：买新房还是租房？

通过全家人一周的市场调查，他们收集到了一些重要数据。

选择一 租房。如果租房住，那就必须承担房租。通过比较，他们对一套租金是 1 200 元的房子比较满意。这么算下来，多多家一年的房租就要 1 200 × 12 ＝ 14 400（元）。这里还有一个风险——房东可能会涨房租，就算他每个月只涨 200 元，你就必须多支付 200 × 12 ＝ 2 400（元）。

选择二 买房。多多家目前没有足够的现金买房，只能选择按揭买房。多多算了一下，如果选择一套 30 万元的房子，首付 50%，贷款 5 年，每个月的还款金额需要 3 300 元。

$$\text{月还款金额}=\frac{\text{贷款金额}\times\text{年利率}\times\text{年份}+\text{贷款金额}}{\text{贷款月份}}$$

买一套 30 万元的房子，首付 50%，贷款金额就是 15 万元。目前的贷款年利率约是 6.4%，贷款 5 年，月还款金额就是：

（150 000 × 6.4% × 5 ＋ 150 000）÷（5 × 12）

＝ 198 000 ÷ 60

＝ 3 300（元）

二、食物

人是铁，饭是钢，一顿不吃饿得慌！你知道自己每个月需要为吃支付多少钱吗？以中等的生活水平为参考：

- 每天一包牛奶 2.4 元
- 平均早餐花费 3.5 元
- 平均中餐花费 15 元
- 平均晚餐花费 15 元

每天合计 35.9 元，一个月就需要 35.9×30 = 1 077（元）。当然，在家做饭是最便宜的——所以从现在开始学做饭吧！

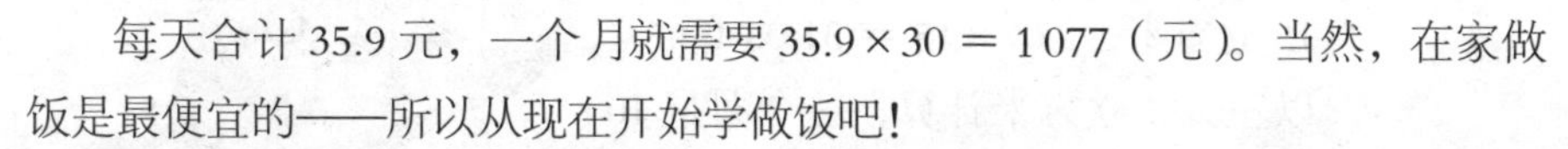

三、服装

这张账单数目可大可小，如果你不是崇尚名牌的人，那平均每个月在服装上花费 400 元应该够了。如果你是个女孩儿，又喜欢名牌，那么，这个数字应该远远不够！

四、交通

交通也是出奇地昂贵，想想你的父母，每天上下班都需要支付交通费。以北京公共交通为例，地铁至少是 3 元 / 次，来回就是 6 元，平均每个月的工作日是 22 天，一共需要 6×22 = 132（元）。这些就够了吗？肯定不够，除了上班，周末你还要出去游玩，说不定你还经常打车，你每个月花在交通上的钱至少需要 150 ~ 200 元。

如果你有车，汽油、维修、保险和过桥过路的花费就更大了。

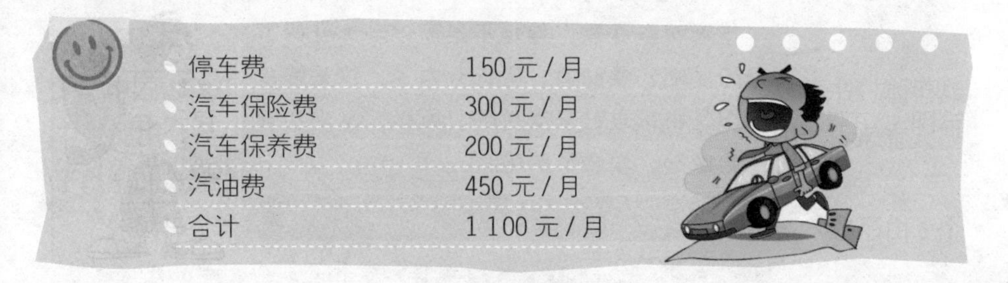

停车费	150 元 / 月
汽车保险费	300 元 / 月
汽车保养费	200 元 / 月
汽油费	450 元 / 月
合计	1 100 元 / 月

五、其他

除了吃、穿、住、行，生活中你还需要支付水、电、煤气、电话等费用。让我们来看看你一个月需要为这些账单支付多少钱吧！

- **电　费**　以每天3度计算，一个月是 $3\times30=90$（度），$0.48\times90=43.2$（元）。
- **水　费**　以两天1立方米计算，一个月就是15立方米，$2.07\times15=31.05$（元）。
- **燃气费**　以三天1立方米计算，一个月是10立方米，$2.28\times10=22.8$（元）。
- **电话费**　这个由你决定，现在假设你的平均月电话费是120元。
- **合　计**　217.05元

● 现在，将上面列举的这几项加起来，你会发现你每个月的生活账单大约在4000元～6000元，但愿这个账单没有吓坏你。那么，看到这里，你还会每天开着灯睡觉，刷牙不关水龙头了吗？

● 再想一想你的父母每天都要辛苦工作来赚钱养家，你是不是应该马上开始节约了呢？要知道，等你长大了，这些账单都是由你自己来支付的。所以，从现在开始做起，学会节约吧！

多多教你如何省钱

多多刚痛下决心要省钱，想不到他的运动鞋竟然在这个时候穿坏了，没办法，只好去买一双，总不能光着脚丫子吧！为了找到合适的运动鞋，多多和妈妈逛了好几个鞋店。后来，他们好不容易看到一款满意的运动鞋，却不知道该买哪一双。

原来，这款鞋在兔八哥鞋店和点点鞋店都有卖，两家店的标价却不相同。点点鞋店标价是 210 元，打 8 折；兔八哥鞋店标价是 285 元，打 6 折。买哪一双更划算呢？

名师讲堂

【哪个折扣更优惠？】

兔八哥鞋店 6 折的折扣看起来更低一些，但这真的更划算吗？

让我们来算一算：兔八哥鞋店 285 元打 6 折，折扣价是 $285\times0.6=171$（元）；点点鞋店 210 元打 8 折，折扣价是 $210\times0.8=168$（元）。

- 结果是点点鞋店更便宜些，虽然折扣给的不如兔八哥鞋店低。
- 不过，这里还存在一个隐藏的价格。如果多多和妈妈正在兔八哥鞋店，他们已经知道点点鞋店的运动鞋便宜 171 − 168 = 3（元）。但是，从兔八哥鞋店去点点鞋店要坐地铁。坐地铁每人 3 元，多多和妈妈就需要 6 元，所以，点点鞋店这双运动鞋的实际价格就是 168 + 6 = 174（元），比兔八哥鞋店更贵，这样就不划算了。

多多的省钱技巧

本着“省钱就是王道”的宗旨，多多全面地研究了一下生活中该如何才能省钱。这不，他又发现了一个“省钱同盟”们需要注意的省钱技巧。

如果你去商店买过饮料类的东西，你就会发现同一类饮料一般有好几种包装形式。为了比较价格，你需要知道买一定数量的某种商品，购买不同包装分别花多少钱。

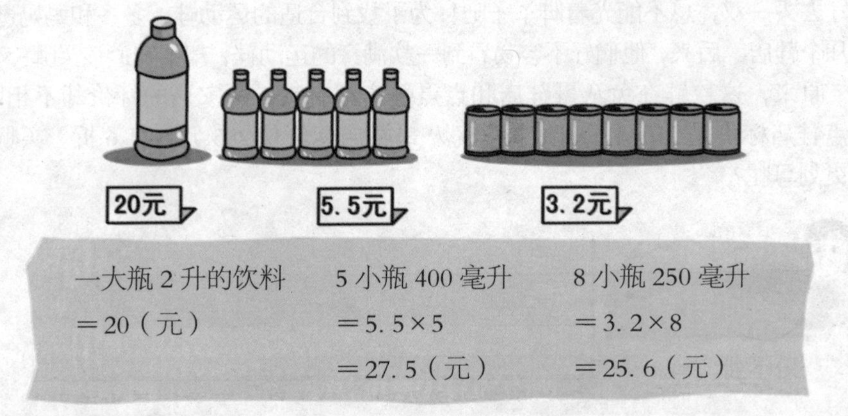

一大瓶 2 升的饮料	5 小瓶 400 毫升	8 小瓶 250 毫升
＝20（元）	＝5.5×5	＝3.2×8
	＝27.5（元）	＝25.6（元）

从上面的计算可知，买东西时，经常是大的会比小一些的更划算，同等重量的商品，少点包装意味着成本更低，定价自然也更低。

重要提示：如果你能在饮料变质之前喝完，那就买大瓶的，否则你最终只能扔掉它。

多多揭秘商家的隐秘价格战术

楼下新开张了一家超市，多多兴冲冲地陪妈妈去买东西。哇，超市里真热闹！到处挂满了打折优惠的广告牌，吸引着大家的眼球。

多多陪着妈妈边走边看，看着看着，他发现了一件奇怪的事。

大家发现了吗？这些商品的价格有什么不寻常的地方呢？对，这些价格大部分有个数字“9”，而且“9”的位置都相同——尾数。那么，商家这样定价格，有什么特殊目的呢？

是好看吗？不像。是好算账吗？也不对。我真是想不通。

名师讲堂

尾数定价策略

商品价格末尾定为“9”，并不是为了好看好玩，而是商家在和我们玩心理游戏。

1. 同一样商品，定价为 9.9 元与定价为 10 元，你会选哪一个？当然是 9.9 元。价格虽离整数仅相差几分或几角钱，但给人低一位数的感觉，完全符合消费者求廉的心态。

2. 消费者觉得 0.99 元、9.98 元这种价格经过了商家精确计算，买了不会吃亏，容易产生信任感，更愿意购买。

这种方法即可以使消费者心理得到满足，又能帮助商家获得最大利益。

一个普通的数字“9”，摆的位置不同，就可以带来不同的商业利益，数学的力量真是无处不在啊！

多多和妈妈逛超市的时候，发现服装区正在搞“全场 5 折”的活动，于是，妈妈给多多选了一件上衣和一条裤子。一看价格，还真巧，都是 159 元。

“嗯，打完折后加起来才 159 元，可以接受。”妈妈点了点头。

可是，当他们去收银台付钱时，收银员却要收 160 元，多多觉得很奇怪。这多出来的 1 元究竟是怎么来的呢？原来，这又是商家的另一种价格战术——四舍五入求整法。

收银员在对上衣的条码扫描后，电脑中的确显示这种商品打 5 折，159 元打 5 折后应该是 159÷2 = 79.5（元）。问题出来了，商家要求不收零，因此，将 79.5 元四舍五入求整，其中的 5 角就四舍五入变成 1 元，每件衣服的价格就成了 80 元。收银员将两件衣服各扫一次，总价就变成 80×2 = 160（元）了。

抠门有“道”之最佳购票方案

谁说“抠门”不行，只要你抠在对的地方，抠得很有道理，那就是省钱的最高境界。让我们一起行动起来，将“抠门”进行到底，做理财小能手！

看着窗外飞驰而过的美景，多多的心情岂是“高兴”一词能形容的。盼了好久的家庭温泉之旅终于成真了。并且，多多最喜欢的表弟也一起去，这样就更好玩了。

汽车在山路上行驶了2个小时，终于到达目的地。不过，刚下车他们就碰到了一个难题：这里有两家条件和服务都差不多的旅馆，收费都是180元/人，并且两家旅馆都在开展优惠活动。

温汤旅馆广告——父母之一买全票一张，其余人可享受半价优惠。

幸福旅馆广告——家庭旅游可算团体票，按原价的$\frac{2}{3}$优惠。

多多的理财小计划又出来了，他要先算一算住哪家旅馆更便宜再选择。

名师讲堂

说到家庭旅游，我们就可以做如下情况分析：

1. 父母带一个小孩。如果只有爸爸、妈妈、多多三个人去，两个旅馆分别要多少钱呢？

如果选择温汤旅馆，总价是：

$180+180\times\frac{1}{2}\times2=360$（元）

如果选择幸福旅馆，总价是：

$180\times\frac{2}{3}\times3=360$（元）

2. 父母带两个小孩。爸爸、妈妈、多多和表弟一起去，又有什么不同呢？

若选择温汤旅馆，总价是：

$180+180\times\frac{1}{2}\times3=450$（元）

若选择幸福旅馆，总价就是：

$180\times\frac{2}{3}\times4=480$（元）

看来，多多他们选择温汤旅馆更省钱。我们还可以继续验算，如果他们还带表妹去，也应选择温汤旅馆。也就是说，只要小孩人数超过 1 个，选择温汤旅馆就更省钱了。

多多的数学小锦囊

抠门要有“道”，可不是什么钱都省，左图这个“铁公鸡”就抠门得有点儿极品了！

蹭免费的车

吃免费的肉

多多赚第一桶金——薄利多销

特大消息：多多要当老板啦！你可别不信，这话可是很靠谱的。今年开学前夕，多多看到学校门口有很多人摆摊卖学习用品，销路非常好。于是多多心想:人家可以卖,为什么我就不行呢？说干就干,多多决定在学校门口卖钢笔。

为了赚好这第一桶金，多多行动前可是费了好一番工夫。多多在爸爸那儿了解到，做生意的第一步就是搞好市场调查。通过几天在学校门口的“蹲点”，多多制订出一张销售方案表。

销售方案	售价（元）	利润率	销售量（支）
销售方案一	12.00		8
销售方案二	10.80	20%	15
销售方案三	9.60		50
销售方案四	9.30		80

上面制订的四个方案中，多多应该选择哪一个才能离他“钢笔大王”的梦想更近一步呢？

名师讲堂

想要知道挣了多少钱，我们必须先算出钢笔的进价是多少。因为利润率＝$\frac{售价-进价}{进价}\times 100\%$，即进价＝售价 ÷（1＋利润率），根据方案二提供的数据，可以算出每支钢笔的进价是：

10.8 ÷（1＋20%）＝ 9（元）

接下来，我们就可以算出每个方案分别能挣多少钱了。（利润＝售价－进价）

方案一：每支钢笔销售后可获利 12 － 9 ＝ 3（元），一天的总获利是 3×8 ＝ 24（元）。

方案二：单支售价 10.8 元，一天的总利润是（10.8 － 9）×15 ＝ 27（元）。

方案三：单支售价 9.6 元，一天的总利润是（9.6 － 9）×50 ＝ 30（元）。

方案四：单支售价 9.3 元，一天的总利润是（9.3 － 9）×80 ＝ 24（元）。

比较四个方案可以看出，由于方案三制订的单支钢笔售价 9.6 元既不高也不低，虽然销售量排第二，但获得的利润最多。

既有一个适当的盈利可获得，又能尽快把商品卖出去，这种销售方式叫薄利多销。除此，定价太高或太低都不划算。

有奖销售背后的阴谋

物多美商店门口金光闪闪的“购物有奖”促销牌，晃得多多眼睛都睁不开了。多多对这个商店有很深的印象，几天前全场打九折的时候他就去过。看到很多人围在奖品牌前看，多多也凑过去看热闹。

中奖了

购物有奖：

凡在本商店购物金额累计满 35 元的顾客，都可以领取奖券一张，共发行 2 万张奖券，你还等什么？超级大奖就等你来拿！

设特等奖 2 名，每人奖励 2 000 元；
一等奖 5 名，每人奖励 1 000 元；
二等奖 20 名，每人奖励 500 元；
三等奖 50 名，每人奖励 200 元；
四等奖 100 名，每人奖励 100 元；
五等奖 500 名，每人奖励 50 元。

“哇，买满 35 元就可以参加抽奖了，有些奖项金额还非常诱人呢！”看着促销牌，多多都要心动了，不过，多多心里有个疑问，“之前是全场九折，现在是有奖销售，难道商店要给消费者更多好处？”

下面我们来比较一下，这种有奖销售方式和实行“全场九折”的销售方式相比，哪一种给消费者的好处更多呢？

要比较哪种销售方式让利多，就应该对这两种销售的让利百分比进行大小比较。

$$\text{让利百分比} = \frac{\text{让利金额}}{\text{销售总金额}} \times 100\%$$

有奖销售的全部奖金是：

$2000 \times 2 + 1000 \times 5 + 500 \times 20 + 200 \times 50 + 100 \times 100 + 50 \times 500 = 64000$（元）

2 万张奖券的最少销售总金额是：

$35 \times 20000 = 700000$（元）

奖金总额占销售总金额的百分比是：

$$\frac{64000}{700000} \times 100\% \approx 9.1\%$$

如果是实行“全场九折”销售的话，让利的百分比是：

$$1 - 90\% = 10\%$$

$10\% > 9.1\%$

怎么样，这样一算的话，结果就很明显了吧！商店的经营者是精明的，别看中奖者得到那么多奖金，其实商店总的让利反而更少了。实行“全场九折”的销售方式比上面的有奖销售给消费者让利更多。

多多的数学小锦囊

幸运转盘

除了派发奖券之外，有些商店还实行“购物幸运转盘”的促销方式。参加

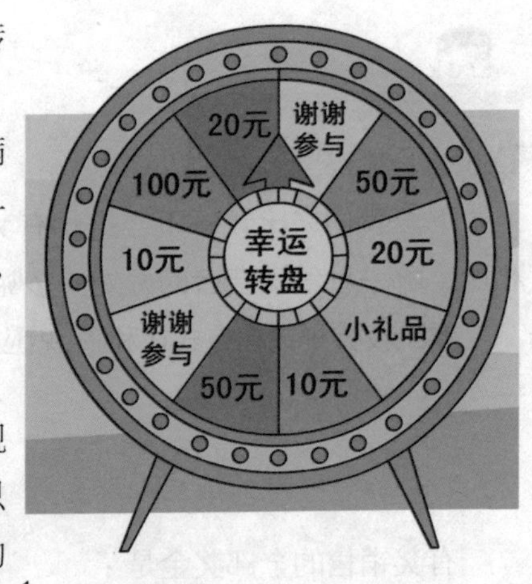

这类活动的门槛一般比较高，但是，这个转盘真的会给消费者带来实惠吗？

它的规则一般是这样的：只要你购物满一定的金额，比如50元，就能免费转动一次转盘。当转盘停止时，指针指在哪个扇形，你就能获得该扇形中指定的奖励。

也许你会想，天下能有这么好的事吗？这不是给大家送钱吗？那你就错了。仔细观察转盘，整个圆盘被分成了10块，其中只有1块是100元，也就是说，转到100元的可能性是$\frac{1}{10}$；转到50元的可能性是$\frac{2}{10}$，即$\frac{1}{5}$；如果你转到剩下的扇形，商店都能赚钱，可能性是$\frac{7}{10}$。

$\frac{3}{10}$与$\frac{7}{10}$的PK战，你觉得哪一个会赢呢？别忘了，也许你为了凑满50元的购物金额，已经花了很多不该花的钱呢！

有一种头衔叫"省"长

"省"长，并非一省之长，这里指的是省钱高手。这年头，你就得提升自己省银子的技巧。什么？有人还不知道生活中该如何节省，那好，先来看一看多多家的时间换钱理论吧！

7：20 在家吃早餐

多多家以前都在饭店吃早餐，每天花费在 20 元左右。现在，妈妈每天在家做早餐，金钱成本 5 元和时间成本 15 分钟。自己做早餐相当于找到了一份 60 元/时的工作。怎么样，这个报酬你觉得还行吧?

计算过程：

以前的金钱成本比现在多 20 − 5 = 15（元），而增加了 15 分钟的时间成本，就相当于 15 分钟赚了 15 元，照这样计算，1 小时就能赚 15×4 =（60）元了。

9：30 去市场购物

虽然来回的车程比以前多了半小时，但物品的价格比附近的超市便宜 30%。如果多多家原本平均每天的生活必需品要花费 60 元，那么，去便宜的市场购物相当于找到一份 36 元/时的工作，这也很不错吧！

计算过程：

花费时间 30 分钟，节省 60 元 ×30% = 18（元），也就是说 30 分钟能赚 18 元，1 小时就能赚 18×2 = 36（元）了。

12：00 吃更便宜的工作餐

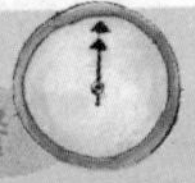

多多爸爸公司楼下的饭店套餐是 23 元 / 份，而步行 10 分钟才能到达的餐馆的套餐才 13 元 / 份，当然，这两种套餐的质量差不多。去更远的地方吃工作餐，相当于爸爸找到了一份 60 元 / 时的兼职。

计算过程：

每天多占用 10 分钟时间，就能节省 $23-13=10$（元），也就是说 10 分钟能赚 10 元，1 小时就能赚 $10\times6=60$（元）。

17：00 收集优惠信息

放学后收集打折情报及优惠券，这让多多每天晚 20 分钟到家。通过尽可能地购买打折的商品以及使用优惠券，多多家的生活成本下降了 10%，平均每天节省了 6 元，这相当于多多干了一份 18 元 / 时的兼职。

计算过程：

花费 20 分钟的时间节省 6 元，也就是说 20 分钟能赚 6 元，那么 1 小时就能赚 $6\times3=18$（元）。

17：40 打理小菜园

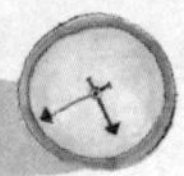

多多家的小菜园每个月能为家里节约大约 100 元的买菜钱，多多平均每天打理小菜园的时间是 15 分钟，这相当于一份 13 元 / 时的工作。并且，小菜园种出的菜可是完全的绿色蔬菜，无污染。

计算过程：

每个月节约 100 元，也就是说每天能节省 $100\div30\approx3.3$（元）（这里以每个月 30 天计算），花费时间为 15 分钟，所以 1 小时就能赚 $3.3\times4=13.2$（元）。

● 怎么样？看完多多家的时间换钱理论，你是不是也心里痒痒了？心动不如行动，让我们也成为名副其实的“省”长吧！

多多卖葱

暑假到了，学校提倡同学们勤工俭学，于是多多爸爸帮助多多在菜市场租了一个摊位，专门卖大葱。

新的一天开始了，多多的大葱摊儿摆了出来。

远远地，一个瘸着腿的顾客一拐一拐地走了过来。菜市场里的各个商户都不喜欢这个顾客，因为他特别爱占便宜。这时，瘸腿顾客走到多多的摊位前。

“你这大葱怎么卖啊？共有多少千克葱啊？”瘸腿顾客问。

“1 千克葱卖 1 元钱，共有 100 千克葱。”

瘸腿顾客眼珠一转，又问：“你这一棵葱，葱白多少，葱叶又是多少啊？”

多多很不耐烦地说：“一棵大葱，葱白占 20%，其余 80% 都是葱叶。你问这干吗？”

瘸腿顾客掰着指头算了算，说：“这样吧，你的这 100 千克葱我全要了。葱白呢，1 千克我给你按 7 角钱算。葱叶呢，1 千克给你 3 角。7 角加 3 角正好等于 1 元，你看行吗？”

多多想了想，觉得他说得也有道理，就答应卖给他了。

瘸腿顾客笑了笑，开始算钱：“100 千克大葱，葱白占 20%，就是 100×20%=20（千克）。1 千克葱白按 7 角钱算，总共是 14 元；葱叶占 80%，就是 100×80%=80（千克），1 千克葱叶按 3 角钱算，总共是 24 元。加在一起是 38 元。你算一下，看我算得对不对？”

多多按照顾客的说法算了算，说：“你算得没错！”

“我这人从不蒙人！给你 38 元，数好啦！”瘸腿顾客把钱递给了多多。

多多卖完葱往家走，总觉得钱少了，

可是少在哪儿呢？又实在想不出来。这时多多爸爸来接多多了，多多连忙和爸爸一起算了算账。

算完后，多多气得脸都白了，最后和爸爸一起把瘸腿顾客送到市场管理处。

名师讲堂

瘸腿顾客使用的这招叫偷梁换柱，实际上就是数学里的偷换概念。

我们按步骤来详细地分析一下。

1. 原来多多的大葱是 1 千克卖 1 元，共有 100 千克，应该卖 $1\times100=100$（元）。

2. 后来瘸腿顾客给出的价格是 1 千克葱白卖 7 角，1 千克葱叶卖 3 角，合起来算是 2 千克才卖 1 元钱。但是这个时候算总钱数的话，就要把葱白和葱叶分开计算了。

3. 一棵大葱，葱白占 20%，100 千克大葱里就有葱白 $100\times20\%=20$（千克）；葱叶占 80%，100 千克大葱里就有葱叶 $100\times80\%=80$（千克）。按瘸腿顾客的买法，多多卖出 1 千克葱白吃亏 0.3 元，20 千克吃亏 $0.3\times20=6$（元）；而卖 1 千克葱叶吃亏 0.7 元，80 千克吃亏 $0.7\times80=56$（元），合起来正好少卖了 62 元。

少花钱，多办事！

现在人们追求的就是少花钱，多办事。要实现这个美好的愿望，数学知识可是必不可少的！

场景一 喝汽水

多多和小伙伴们去踢球了，玩得好累。他望着眼前汽水超市前的广告来了精神。“在这里喝汽水每 3 个空瓶可以换 1 瓶汽水。”多多一激动竟然要了 10 瓶汽水，并招呼伙伴们一起来喝。他边喝边对伙伴们说：“看见没，这里的汽水 3 个空瓶就能换 1 瓶汽水。我买了 10 瓶，喝完后可以换来 3 瓶接着喝，再喝完，仍然能换回 1 瓶汽水。这样，我们就能喝到 10+3+1=14（瓶）汽水了。大家快喝吧！”

虽然多多他们觉得自己喝到了额外的汽水，很高兴，但是，多多的方法并不是最佳的喝汽水的方法。因为买 10 瓶汽水最多能喝到 15 瓶汽水，你知道这是为什么吗？

名师讲堂

想要用 10 瓶汽水的钱，喝到最多的汽水，就要把空瓶子全部利用起来。如下图所示，按照多多的方法，到最后他手里还会剩下 2 个空瓶子（虚线圈出来的）。

因为用 3 个空瓶子才能换到 1 瓶汽水，显然 2 个是换不来汽水的。但是我们可以换个思路，假设多多先向别人借来一个空瓶子，这样他就有了 3 个空瓶子，刚好可以换回 1 瓶汽水。

即剩余的两个 + 借来的一个 可以再换一瓶汽水。

而将这瓶汽水喝完后，将余下的空瓶子还给刚才借瓶子的人就可以了。这样多多他们最多就能喝到 10+3+1+1=15（瓶）汽水了。

可见，解决这类问题的关键就是充分利用资源，尽量不要留下闲置的空瓶子。

第五章

学会合理安排时间

出门不再像打仗

当多多嘴里叼着面包，手里拎着书包，一路狂奔到公交车站时，却只看到本该乘坐的校车“耀武扬威”地开走了，只留下一屁股黑烟，好像在嘲笑多多的狼狈样。

“多多，你还有一只袜子没穿呢！”身后是紧跟着跑过来的妈妈的声音，看到多多一脸的沮丧，妈妈忍不住说道，“每天都是出门像打仗，上学还老迟到，你数数看，这个月都迟到多少回了？”想到老师昨天已经下达的最后通牒——再迟到就值日一周，多多心里暗叫不妙……

名师讲堂

估计这种情景大家都不陌生吧，说不定你今天上学时也是这样，到底要怎么改变这种出门像打仗的状况呢？

取胜策略一：书包衣服准备好

想要早上出门没烦恼，前一天晚上的准备不可少。你应该在前一天晚上检查课表，将第二天要用到的课本、文具放到书包里。这样第二天早上就可以省去整理书包的时间。

睡前检查东西准备好了没有。（打√）				
书包				（ ）
便当袋				（ ）
衣服				（ ）

第二天要穿的衣服也要事先准备好，将衣服挂在衣柜外或床头，起床后就可以直接穿了。

取胜策略二：培养时间节奏感

培养时间节奏感，最好的办法就是计算每个步骤需要的时间。例如起床 5 分钟，刷牙洗脸 10 分钟，吃早餐 15 分钟……把这些时间加起来，计算一星期的平均值，你就会发现原来每天早上需要大约 35 分钟准备时间。从现在开始改变，久而久之，你就能养成一种时间节奏感，能减少时间的浪费。

计算出门需要多少时间。		
起床		（ ）分钟
穿衣服		（ ）分钟
刷牙洗脸		（ ）分钟
吃早餐		（ ）分钟
共（ ）分钟，所以（ ）要起床。		

我没有时间上学

如果你现在打开多多所在班级教室的大门，你会发现多多正在和老师激烈辩论。他们在辩论什么呢？我们一起去听一下。

“昨天为什么没来学校？”老师问多多。

“老师，我不是故意的。”多多答道，“您也知道，一天就 24 个小时，一年就 365 天，也可能是 366 天，我要做的事情很多。”

“哦，那你说说看，你都要做些什么？”老师耐着性子接着问。

“您可以算一下，我一天睡觉 8 小时，以每天 24 小时计算，一年中的睡眠时间加起来大约是 122 天；每天吃饭要花 3 小时，一年就要 45 天以上；我每天最起码应该有 2 小时的自由活动时间吧，一年大概也要超过 30 天，另外，周末不用上课，一年总共是 104 天，我们还有 60 天的寒暑假呢。”多多边说边匆匆写下这些数，然后他把所有的天数加起来，结果是 361 天。

睡觉（一天 8 小时）	122 天
吃饭（一天 3 小时）	45 天
活动（一天 2 小时）	30 天
周末	104 天
寒暑假	60 天
总计	361 天

“您瞧，”多多接着说，“一年就剩下 4 天或 5 天的时间，我还没把每年的春节、儿童节、国庆节放假计算在内呢，哪里还有时间来学校哇？”

“什么，你……你……”老师哑口无言了。难道多多说得真的正确吗？

名师讲堂

哈哈，不知道大家看出来了没有，多多这是钻了时间分类的空子呢！他在这里要了一个花招——将时间重叠分类，然后又将重叠的时间进行了多次相加。

举一个例子，在他列举的60天寒暑假里，他既要吃饭也要睡觉，这其中还有周末，这些时间既被计入了寒暑假时间，又被计入了周末时间，还被计入了吃饭时间和睡觉时间中。对同一时间进行了多次相加，计算出来的时间总和自然就比实际时间大很多了。

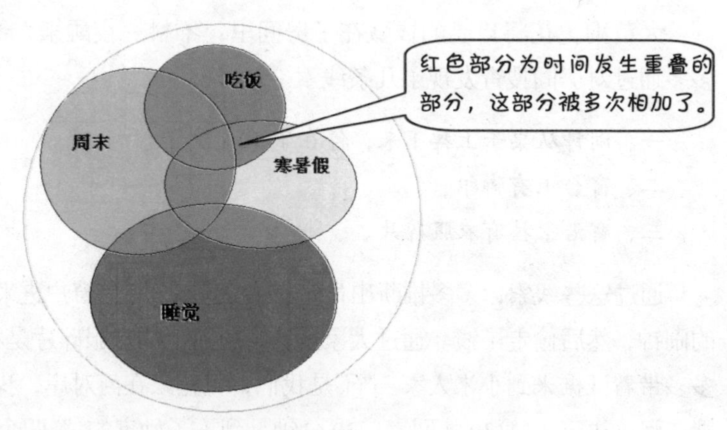

这类问题在生活中很常见，比如多多的班级要举行班级晚会，于是，文艺委员就调查了一下全班35人的文艺特长（包括文艺委员本人）。

会唱歌的有20人。

会跳舞的有10人。

会乐器的有15人。

什么都不会的有5人。

看见没有，全班是35人，按照上面统计出来的却是50人，你现在能解释其中的奥秘了吧？有的同学多才多艺，既会唱歌，又会跳舞，还会乐器，于是他在3个项目中都占了1个名额。这么一来，最后相加的总数必然会比35多了。

时间破案录

奇妙镇接连发生了两起盗窃案，为了不让凶手逍遥法外，镇长长颈鹿先生特意请多多前去破案。多多当然不负众望，将案件全部侦破，破案的关键竟然全是时间。

案件一：巧算最短过桥时间

大黄狗花花将自己的钱藏在了房间里，不料一夜醒来，钱却不翼而飞了。多多通过对房间搜查发现了几条线索：

一、闹钟从桌子上掉下来，停在了 12：00；

二、窗台上有脚印；

三、窗沿上挂有衣服碎片。

通过这些线索，多多推断出肯定有人夜里 12 点从窗户进来，撞翻了桌子上的闹钟，然后偷走了钱。通过大家辨认，窗沿上的衣服碎片是小米人的。于是，多多带着证据来到小米人家。“不是我们，花花家在河对岸，我们昨晚和小狗胖胖在河这边玩，11:30 才回家，30 分钟是到不了她家的。”四个小米人直摇头。

“从我家门前那座危桥过来就可以了。”花花提醒道。

“这怎么可能？我们只有一个手电筒，桥一次只能承受两个人，30 分钟根本过不去。大家都知道，我们四个从来不单独行动的。”小米人又狡辩了。

多多想了想，将四个小米人带到危桥，让他们独自过桥并计时：“从你们家到这里要 12 分钟，而你们过桥的时间分别是 1 分钟、2 分钟、5 分钟和 10 分钟。”

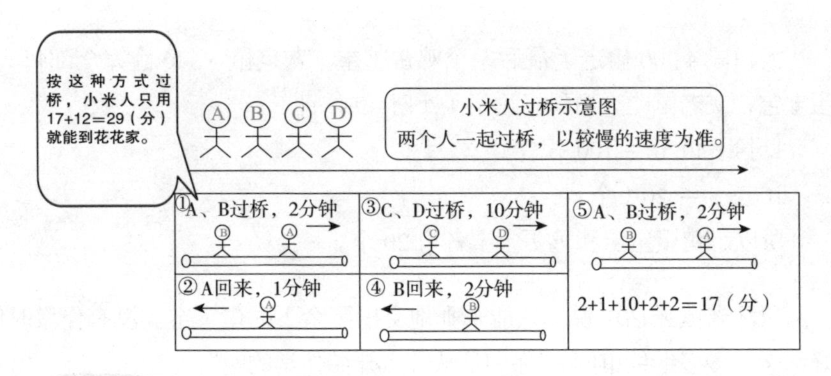

多多算了算时间，马上就明白是怎么一回事了，这下小米人再也没有话说了，只好承认偷了钱。

案件二：利用时间算个数

鸡妈妈和鸭大婶的蛋宝宝被人偷了，多多急忙赶去现场做勘查，他仔细查看了现场留下的脚印，最后肯定作案的是大白鼠和灰老鼠。大家一起前往偷蛋贼家里搜查，果然在它们两家的地下室里分别发现了 17 个鸭蛋宝宝和 17 个鸡蛋宝宝。

“不对，鸡蛋宝宝和鸭蛋宝宝一样多，是 20 个。”鸡妈妈说。

大白鼠还是不承认：“冤枉啊，我们每个人只偷了 17 个，全部都在这里了。我每隔 10 分钟偷 1 个鸡蛋，灰老鼠每隔 15 分钟偷 1 个鸭蛋。”

“你们偷最后 1 个蛋宝宝的时间分别是几点？”多多问道。

“我们同时行动，偷最后一个蛋宝宝的时间分别是凌晨 4：00 和清晨 5：40。”大白鼠交代。

鸡蛋宝宝和鸭蛋宝宝的数量一样多！

大白鼠每隔 10 分钟偷 1 个鸡蛋，灰老鼠每隔 15 分钟偷 1 个鸭蛋，也就是说灰老鼠每偷 1 个蛋宝宝要多用 5 分钟。

大白鼠 4:00 偷走了最后一个鸡蛋宝宝，灰老鼠 5:40 偷完全部鸭蛋宝宝，灰老鼠比大白鼠多用了 1 小时 40 分钟。

1 小时 40 分＝100 分

100÷5＝20（个）

所以，鸭蛋宝宝和鸡蛋宝宝各有 20 个。

两只坏老鼠无话可说，只能乖乖地交出了余下的蛋宝宝。没有作案时间不好结案，多多继续审问："你们是从几点开始作案的？"

两只坏老鼠摇了摇头："这个我们真不知道了，只是看着没人就下手了。"

大白鼠每偷 1 个蛋宝宝用 10 分钟，一共有 20 个蛋宝宝，需要 10×20＝200（分）；

200 分＝3 小时 20 分，大白鼠偷完蛋宝宝的时间是 4:00，用它减去 3 小时 20 分就是 0:40，也就是说作案时间是深夜 0 点 40 分。

在各种复杂的案件中，时间因素一直都是破案的关键。如果你也想成为福尔摩斯第二，就先把有关时间的知识学好吧！

有趣的古代计时法

多多喜欢看古装剧，在这一类电视剧中，他经常能听到“午时三刻”“半夜三更”这样的话，这是古代表示时间的句子。不过，多多却有疑问：“午时三刻”和“半夜三更”到底表示几点呢？古代人又是通过什么来测量出这个时间的？

别急，让我们从最远古的计时说起……

日出而作，日落而息

最早的远古人当然没有任何计时的仪器，不过，在长期的生活中他们发现一个规律：天亮时会有一个火红的圆球升起，经过一段时间，这个红球又会落下，然后是漫长的黑夜。于是远古人便依照这个规律，日出而作，日落而息。

利用太阳的影子计时——日晷

地球因自转而出现的每一个日出、日落被古人称为“一天”，不过，一天的时间还是很长。后来有人发现，阳光照在物体上产生的黑影会因时间的推移而变化位置，于是古人就利用这种现象来计时，这种最初的计时工具叫作日晷。

日晷由一块画有刻度的木板（或石板）和在上面插着的一根竹竿组成。当太阳照射时，竹竿的影子落在哪个刻度上，就代表哪个时刻。

干支计时法

发展到后来，古人把一昼夜分为12个时辰，将十二地支名刻在圆盘上，每个时辰相当于现在的2个小时。

漏刻计时——水钟

日晷是利用太阳光的投影来计时，但太阳下山后或阴雨天没有阳光时，晷针就没有投影，这时该怎么办呢？我们的祖先想到了用水滴漏计时法。先在漏壶内壁上刻上刻度，在壶底开一个小孔，然后将漏壶装满水，再根据漏壶内水位的变化来计时。水位到达哪一刻度，就代表该刻度表示的时间。

汉代铜漏壶

漏壶内壁一般被划分为一百刻，一昼夜漏完一壶水。

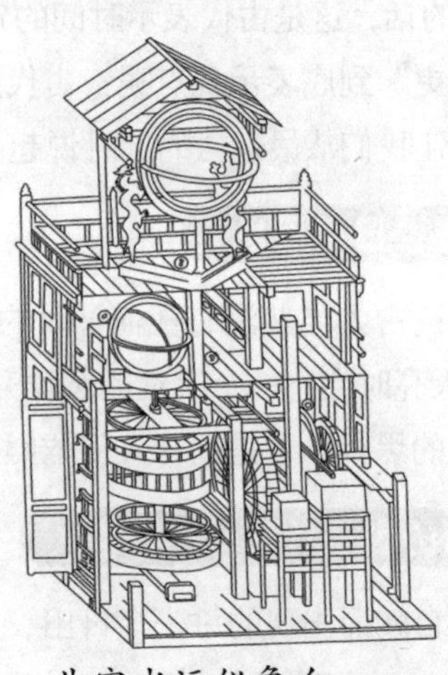

北宋水运仪象台

北宋天文学家苏颂建造的水运仪象台，不但能测量时间，还能指示星象，每到一个时刻，上面的锣便会敲一下，并出现一个手拿报时牌的小木人，这个水运仪象台被称为世界上第一个钟表。

流沙计时——沙漏

沙漏，也叫作沙钟，也是一种测量时间的装置。北方的冬天寒冷，水结冰便无法计时，于是古人就想到用沙子替代水。沙漏由上下两个容器组成，中间有管道连接，可以让沙子从上往下流。人们依沙流完的时间来计时。

沙漏不受水压的影响，所以比水钟更精确。

名师讲堂

说了这么多，还没回答多多的问题呢，“午时三刻”到底是现在的几点呢？要想知道这个，我们必须先了解午时和三刻分别代表什么时间。

古代计时法基本上为十二时辰制，用十二地支“子、丑、寅、卯、辰、巳、午、未、申、酉、戌、亥”命名。以半夜 23 : 00 — 1 : 00 为子时，1 : 00 — 3 : 00 为丑时，3 : 00 — 5 : 00 为寅时……依次递推，11 : 00 — 13 : 00 为午时。

另外，古代一昼夜为十二个时辰，又划分为一百刻，一刻就是：

$12\times2\times60\div100=1\,440\div100=14.4$（分）

所以，“午时三刻”大约是指现在的 11 点 43 分 12 秒。

现在再来解释“半夜三更”是几点吧！

更点——古代把晚上戌时至寅时（也就是现在的晚上 19 : 00 — 次日早上 5 : 00）这段时间分为五更，再把每更分为五点。每更就是一个时辰，即 120 分钟，所以每更里的每点只占 $120\div5=24$（分）。其中，戌时作为一更，亥时作为二更，子时作为三更。

“半夜三更”就是指深夜 23 : 00 —1 : 00 这段时间。而大家经常读到的《三国演义》中“四更造饭，五更开船”就相当于现在的后半夜 1 : 00 — 3 : 00 做饭，3 : 00 — 5 : 00 开船。

50 年后你的生日是星期几

多多明年的生日居然是在星期六，这可把他高兴坏了，因为多多早已有了N个愿望要在过生日那天去实现。爸爸的神机妙算更是让多多佩服得不得了。多多心想：如果我也能有爸爸那样的本领，能给同学们算出明年、后年……的生日是星期几，大家该多么崇拜我呀！

经过多多一番软磨硬泡，终于得到了爸爸的“真传”。没想到推算生日如此简单！于是，多多跑到学校里自

诩为“神机妙算赛诸葛”，同学们都信以为真，纷纷接下多多的作业，甚至预约替多多写作业的都排到了下个月。

很快，数学老师就知道了此事，他严厉批评了多多，并给大家讲解了如何轻松推算50年后的生日是星期几……

名师讲堂

明年的生日是星期几

要想知道50年后的生日是星期几，并不需要诸葛亮那样的计谋，办法其实很简单——数学计算。多多只是跟着爸爸学了几道数学题，就能算出自己50年后的生日是星期几了。

我们先来看一下怎么算出明年的生日是星期几，其实非常简单！已知2014年5月16日是星期五，那么，从2014年5月16日到2015年5月16日一共经过了多少天呢？一年365天？没错，因为2015不能被4整除，所以2015年是平年，有365天。

因为一星期有7天，用365除以7，商是52，余数是1。

$$
\begin{array}{r}
52 \\
7\overline{)365} \\
35 \\
\hline
15 \\
14 \\
\hline
1
\end{array}
$$

365天后，也就是52个星期加1天，多多今年的生日是星期五，明年的生日就是星期五加1天，也就是星期六。

星期五 —加1天→ 星期六

50 年后的生日是星期几

怎么样，看完了上面的计算你有什么启发？如果现在让你算一下自己 50 年后的生日是星期几，知道如何入手了吗？我们看一下多多是怎么计算的。

要算 50 年后的生日是星期几，方法还是一样的，只是天数的计算上更复杂。也许大家会将 2014 — 2064 年每年的天数相加，这样就太麻烦了，我教你一种更简单的方法。

先假定这50年都是平年，一年365天，每过一年，也就是52个星期加1天，多多的生日就往后加1天，50年就加50天。

$$\begin{array}{r} 52 \\ 7\overline{)365} \\ \underline{35} \\ 15 \\ \underline{14} \\ 1 \end{array}$$

然后计算这 50 年中有多少个闰年，因为 2014 — 2064 年中没有整百年份，每 4 年出现一个闰年，一共有 13 个闰年。

2016 年　2020 年　2024 年　2028 年　2032 年　2036 年　2040 年
2044 年　2048 年　2052 年　2056 年　2060 年　2064 年

也就是说多多的生日还要再往后加 13 天，一共就是 50+13=63（天），63 ÷ 7 ＝ 9，可以推算出 50 年后多多的生日还是在星期五。

说说时间的那些事儿

钟表和时间在我们的生活中是必不可少的，可是，多多却对这个常见的东西产生了很多疑问。

名师讲堂

24小时制的运用

公元前5000年左右，古巴比伦人就将天空分为许多区域，并将它们称为“星座”，黄道带上的12星座最初是用来计量时间的。

古巴比伦人把一天分为两个12小时，相信24小时制的概念在那时就出现了。另外，古巴比伦人还发明了六十进制，规定1小时分为60分钟，1分钟分为60秒。

时间为什么是六十进制

这是由于古罗马帝国的一个传统。我国自古以来最吉利的数字是 5 和 9，而古罗马帝国是 6 和 0，所以，在很久以前，古罗马帝国的时间就是六十进制。

六十进制最初起源于古巴比伦，至于古巴比伦人为什么要用 60 进位，说法不一。有人把古巴比伦人最初认为的一年有 360 天，太阳每天走一“步”（即 1° ）和古巴比伦人已熟悉的六等分圆周相结合，从而得到 60 进位；也有人认为 60 有 2、3、4、5、6、10、12 等因数，能使运算简化，等等。

这种六十进制最初由兴克斯（Hincks）于 1854 年在古巴比伦的泥板上发现，在泥板上刻有 $1.4=8^2$，$1.21=9^2$，$1.40=10^2$，$2.1=11^2$ 这样的等式，这些式子按其他进制都无法理解，如按六十进制就容易多了，如 $1.40=1\times60+40=100=10^2$。

是谁发明了 12 小时制？

12 小时制的由来可以追溯到古埃及。古埃及人的日历上标注着一年有 36 个“星期”，每个星期都有 10 天，剩余 5 天作为节日。每一个星期的开始都以黎明时分某颗特定的星星升起为标志，这些星星将夜晚自然地分成 12 等份，这就是最早的 12 小时制。类似地，随着时间的推移，古埃及人把白天也分成 12 等份。

24 小时制和 12 小时制的对比

具体时间	12 小时制写法	24 小时制写法	英语写法
上午 8 点	8 点	08：00	8 a.m.
中午 12 点	12 点	12：00	12 a.m.
下午 7 点	7 点	19：00	7 p.m.

a.m. 是拉丁文 ante meridiem 的缩写，是中午之前的意思。

p.m. 是拉丁文 post meridiem 的缩写，是下午的意思。

这里需要注意一点，为了保证 24 小时制写法的继承性和延续性，上午 8 点应该写成 08: 00，而不能写成 8: 00。

多多用数学知识计算世界末日

传说在印度北部的一座庙里，放着三根宝石针，印度教的主神梵天在创造世界时，在其中的一根针上，自上而下由小到大放了 64 片金片。每天 24 小时，寺庙里的僧人都会按照规律，不停地把这些金片在三根宝石针上移来移去。移动的规律是：每次只准移动一片，且不论在哪根针上，小金片只能放在大金片上。当所有的 64 片金片都从梵天创造世界时所放的那根针上移到另一根针上时，世界的末日就要来临。

虽然这只是一个传说，而且 2012 世界末日也早已过去，但大家都想知道僧人移动完这 64 片金片到底需要多少时间。多多也自告奋勇地要求解决这个问题，那我们就来看看多多的计算步骤吧。

假设原来放置金片的宝石针为甲，其他两根针为乙、丙，想办法使所有的金片都移到丙针上。

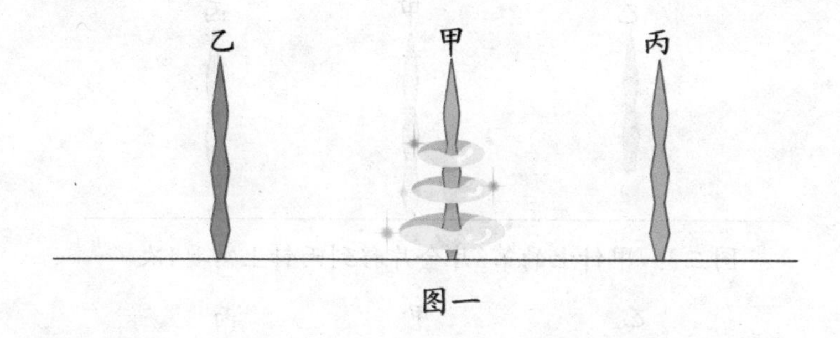

图一

1. 假设金片只有 1 片。显然，只要移动 1 次就能把金片移动到丙针上，我们把移动次数记为 $S_1=1$（S_1 中的标号 1，表示有一片金片，以下类推）。

2. 假设金片有 2 片。先将小金片移到乙针上，大金片移到丙针上，再将小金片从乙针移到丙针上，共移动 3 次，移动次数为 $S_2=3$。

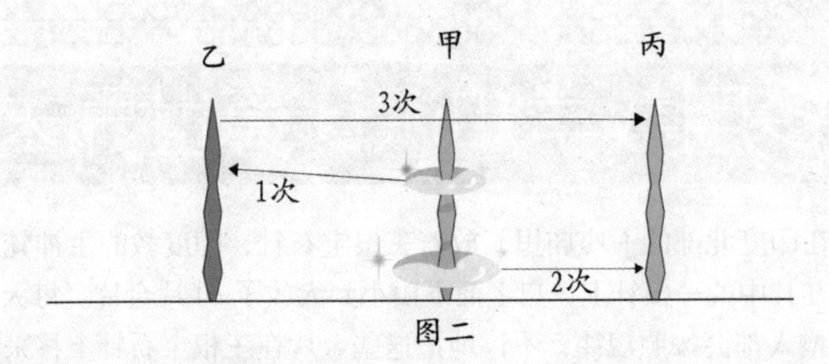

图二

3. 假设金片有 3 片。可以先将上面两片金片移到乙针上。按上文的“假设 2”可以知道，需移动 3 次。再把第 3 片移到丙针上，又移 1 次。然后把乙针上的两片移到丙针，这个移法和“假设 2”是一样的，仍需 3 次。所以一共需要移动 2×3+1=7（次），总的移动次数 S_3=7。

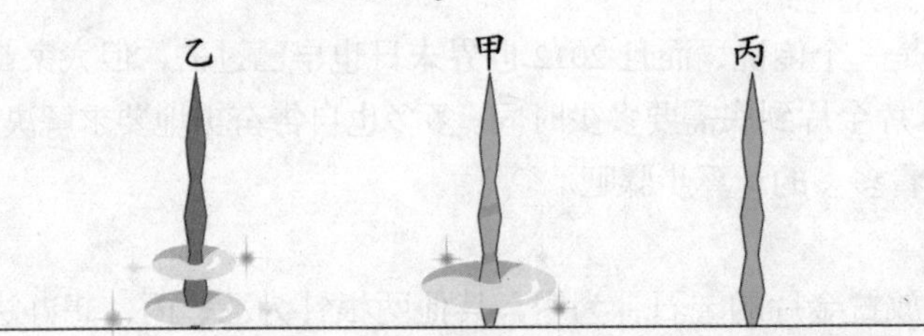

图三1：甲针上面两片金片移到乙针上需要3次

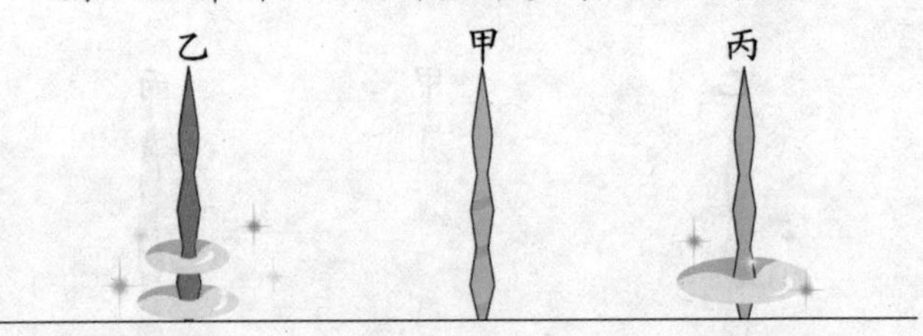

图三2：甲针上的第3片金片移到丙针上需要1次

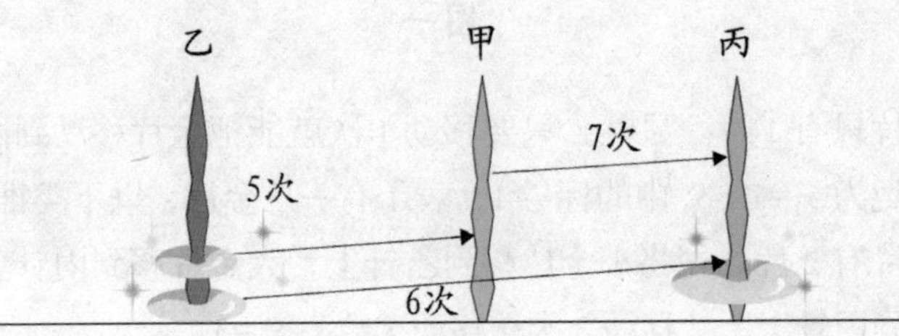

图三3：乙针上的两片金片移到丙针上需要3次

依此递推下去。假设有 k 片金片，先将 $k-1$ 片移到乙针，需要移动 S_{k-1} 次。然后再把第 k 片移到丙针，又移动 1 次。最后再把 $k-1$ 片金片从乙针移到丙针，又需要 S_{k-1} 次。一共需要移动（$2\times S_{k-1}+1$）次。

这样，我们可以得到如下的递推公式：

$S_k=2\times S_{k-1}+1$。

根据这个递推公式，分别令 $k=1$，2，3，…，64，得

$S_1=1=2^1-1$；

$S_2=2\times S_1+1=2\times(2^1-1)+1=2^2-1$；

$S_3=2\times S_2+1=2\times(2^2-1)+1=2^3-1$；

……

而 $S_{64}=2^{64}-1=18446744073709551615$。

嗬！好大的数啊！ $2^{64}-1$ 的结果，是利用电脑计算出来的。我们假设僧人移动一片金片需要 1 秒钟，那么移动这么多次需要多少时间？大约需要 5845 亿年。而我们在社会课堂上学习过太阳系仅能存活 100 亿～ 150 亿年。所以，等不到这些僧人完成任务，地球就已经毁灭了。

名师讲堂

这是一个求和公式的推导，求 1 个数的和，当然就是这个数本身，可以用 S_1 表示；求 64 个数的和，就是把这 64 个数加起来，用 S_{64} 来表示；同理求 k（k 代表任意选取的一个数）个数的和，用 S_k 来表示。

在这个求和公式推导的过程中还出现了 2^1、2^2、2^{64} 这样的形式，这将是同学们以后会学到的三级运算——乘方，乘方的意思就是指 n 个相同的数相乘。比如 2^{64} 的意思是 64 个 2 相乘，读作 2 的 64 次方。同学们可千万别把它和 64 个 2 相加弄混了啊！

年龄中的不变量

一道没有错误的年龄题，计算的过程和已知条件出现了矛盾，这竟然成了解题的关键，你能从中看出它的奥秘吗？

今天是红红的生日，妈妈特意为红红买了一个大蛋糕。

红红的弟弟强强看着蛋糕直流口水，心想：如果这个蛋糕让我自己吃，那该有多好啊！他偷偷地去找爸爸商量计策。不一会儿，强强跑出来拉着红红的衣角说："姐姐，姐姐，我考你一个问题。"

红红很不屑地说："你这小不点还能难住我，哈哈。"

强强感觉被姐姐小看了，很生气地说："既然你有本事，那你放马过来啊！"

被强强这么一激，红红的面子还真有点挂不住了，于是，她说："那你出题吧！"

强强打断姐姐的话说："如果你答不出来，那生日蛋糕可就要归我啦！"

红红这才明白自己已经钻进强强设的圈套里了，但是只能点头答应他的要求，免得被弟弟小瞧。

"在一个家庭里，所有成员的年龄加在一起是 73 岁，家庭成员中有父亲、母亲、一个女儿和一个儿子。父亲比母亲大 3 岁，女儿比儿子大 2 岁。四年前家庭里所有人的年龄总和是 58 岁，你知道现在家里的每个成员各是多少岁吗？"强强好像蓄谋已久，将自己早已准备好的题目丢给了红红。

红红听完题目就有点后悔了，她狡辩道："这哪是一道题，明明是 4 道题。"

"怎么就是 4 道题了？"强强疑惑地问。

"你想啊，求 4 个人的年龄不就是 4 个问题吗？"

"你是不是不会啊？"强强激将道。

"哼，不要门缝里瞧人——把人瞧扁了。"说着，红红拿起笔一边计算一边自言自语道，"根据四年前家庭里所有的人的年龄总和是 58 岁，可以求出到现在每个人长 4 岁以后的实际年龄和是 $58 + 4 \times 4 = 74$（岁）。"

算到这儿，红红突然停了下来，说："不对，不对，题目出错了。题目说'现在所有家庭成员的年龄加在一起是 73 岁'，而根据题目的第二个条件算出来应该是 74 岁啊！"

"这……"强强有些答不上来了，将求救的目光偷偷地投向了爸爸。

红红终于明白了其中的蹊跷了，她不依不饶地说："原来是爸爸在捣鬼，我说强强怎么能出这么难的题。爸爸你偏心！"

爸爸笑呵呵地说："好好好，那我就帮你解决这道题吧。你求出现在家庭成员的年龄和为 74 岁，但现在实际的年龄总和只有 73 岁，为什么会少 1 岁呢？"

红红和强强不约而同地摇了摇头。

爸爸继续说："因为四年前，小儿子还没有出生。可见家庭成员中最小的一个儿子今年只有 3 岁，女儿比儿子大 2 岁，女儿是 $3 + 2 = 5$（岁）。现在父母的年龄和是 $73 - 3 - 5 = 65$（岁），又知父母年龄差是 3 岁，可以求出父母现在的年龄。

解：①从四年前到现在全家人的年龄和应为：

58 + 4×4 = 74（岁）

②儿子现在几岁？ 4 −（74 − 73）= 3（岁）

③女儿现在几岁？ 3 + 2 = 5（岁）

④父亲现在年龄：（73 − 3 − 5 + 3）÷2 = 34（岁）

⑤母亲现在年龄：34 − 3 = 31（岁）

答：父亲现在 34 岁，母亲 31 岁，女儿 5 岁，儿子 3 岁。”

一看结果，红红笑了出来，这让红红更加崇拜爸爸，也越来越喜欢数学了。

书海拾贝

生活在地球上的人类自古以来就十分关心地球的年龄问题，但是由于古代人们缺乏推算地球年龄的科学方法，地球的年龄始终是一个未解之谜。今天的科学家告诉我们，地球的年龄已经有46亿年了。那么科学家是怎样科学地推算出地球的年龄的呢？

到了20世纪，科学家们终于找到了测定地球年龄的最可靠的方法，叫作同位素地质测定法。

人们发现地壳中普遍存在微量的放射性元素，它们的原子核中能自动放出某些粒子而变成其他元素，这种现象被称作放射性元素衰变。在自然条件下，放射性元素衰变的速度不受外界物理、化学条件的影响而始终保持稳定。

用这种方法推算出地球上最古老的岩石大约为38亿年。当然这还不是地球的年龄，因为在地壳形成之前地球还经过一段表面处于熔融状态的时期，科学家们认为加上这段时期，地球的年龄应该是46亿年。

第六章

关于可能性的生活测试

凡事都有可能性

“多多，你这个学期的成绩又下降了，上次告诉你学习要有计划，难道你还是每天疯玩，没按计划学习？”数学老师指着多多的成绩单问道。

“我听您的话，在学期一开始就制订了学习计划，可是，那个计划对安排学习一点儿帮助都没有。”多多委屈地说。

“怎么可能，把你制订的学习计划拿来我看看。”数学老师觉得多多是在为自己的贪玩找借口。

按照计划来学习，一定能取得好成绩。

每日学习计划

6：00 起床
6：15 朗读课文
6：45 吃早饭
7：00 出门上学
12：00 午休时间背 20 个英语单词
17：30 放学
18：00 吃晚饭
18：30 做作业
20：30 做 20 道奥数题
22：00 睡觉

看了多多的学习计划，数学老师真是哭笑不得，无奈道：“多多，这计划你坚持不过一个星期吧？”

“老师，我就坚持了 3 天……”多多不好意思了，“可您是怎么知道的？”

“生活里有各种各样的可能性，充满了各种各样的突发事件，如果你把所有的时间都排满了，那这个计划肯定是无法完成的。”数学老师对多多说。

“是啊，我也想按照计划学习，可是突发事件老是打乱我的步骤。不是闹钟坏了起不来床，就是午饭吃得太晚，耽误了中午背单词，要不就是晚上妈妈让我陪她买东西，结果做作业的时间就过了。更过分的是，有段时间我们家隔壁

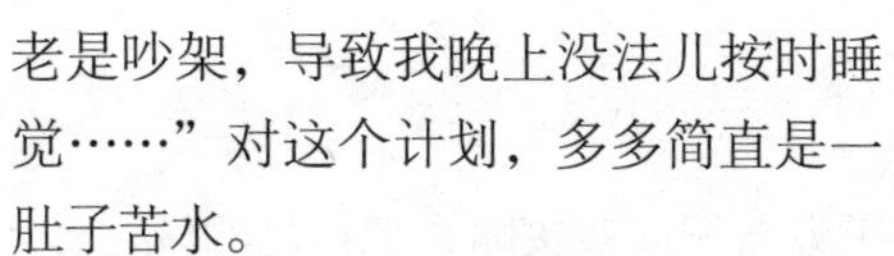

老是吵架，导致我晚上没法儿按时睡觉……”对这个计划，多多简直是一肚子苦水。

“当然，你的学习意愿是好的，值得表扬。”老师安慰多多，“不过以后无论做什么事，首先得考虑到各种可能性啊。”

名师讲堂

所有的事情都有不同的可能

明天有可能是晴天，也有可能会下雨；下个月的考试题可能会很难，也可能很容易……

不同的可能性，对你的生活也会产生不同的影响：明天下不下雨决定着你明天带不带伞，下个月的考试题难不难会影响到你的分数。所以面对不同的可能性，我们必须选择不同的应对方案。

通过可能性计算出你的选择

虽然我们的生活充满了各种不可预知的突发状况，但是，我们依然能够根据可能性的大小安排好自己的生活。

明天带不带雨伞？

明天会下雨的可能性	我的带伞策略
0%	明天是个大晴天，当然不用带伞啦！（太阳伞除外）
50%	今天是阴天，明天有可能会下雨。可是雨伞好重，万一下雨了再让妈妈去接我吧。
100%	看来明天必须带雨伞了。

多多的突发状况应对策略

听完数学老师的一番话，多多制定了突发状况应对策略，把自己的学习计划变得更可行了。

突发状况	应对策略	数学解释
闹钟坏了，导致起床太晚。	除了定闹钟，还可以让早起的妈妈叫我起床。	闹钟坏了和妈妈同时也起晚了的可能性，要比仅仅闹钟坏了低很多。
中午饭吃得太晚，导致中午没时间学习。	把20个单词分散到每个课间时间去背。	午休时间还是好好休息吧，睡个午觉，下午的学习效率才会高。所有的课间时间都被占用的可能性毕竟还是很小的。就算被占用一两个，也不影响整体的学习进度。
放学太晚，或者妈妈让我去帮她做事情，耽误了回家做作业的时间。	不用把做作业的时间规定在具体的某个时间段，可以采取弹性时间制。另外，也要适当安排一些娱乐时间，总是在学习，精神会很疲惫的。	注意力集中的时间是有限的，80%的同学可以集中注意力高效率地做1小时作业。但只有不到10%的同学能完全不开小差地做3小时数学题。所以，采取弹性时间制劳逸结合，才是可行的方法。

艰难的选择

“唉，要是所有事情都像明天带不带雨伞这么简单明了就好了。”多多今天一回家就唉声叹气。

“你又怎么了？”斑斑问道。

“明天妈妈要带我去游乐园，但是爸爸公司的动漫展是最后一天了，我也想去，可我又没有分身术，只能选一个。”多多说。

“哎呀！你真贪心，能去一个就不错了，没听过鱼和熊掌不可兼得吗？”斑斑吐了吐舌头。

“如果鱼和熊掌能确定得到一个也还行，关键是如果我选错了，可能一个也捞不着，所以才犯愁呢。”多多说完又叹了口气。

“怎么会一个也去不了呢？”斑斑奇怪地问。

“天气预报说明天可能会下雨，如果下雨，游乐园的室外项目就会关闭。”多多说。

“那就去动漫展哪。”斑斑不假思索。

“我还没说完呢，爸爸明天上午坐火车从外地回来，那趟车经常晚点，如果晚点就不能回家带我去动漫展了。”多多解释道，“可是等知道车是否晚点之后，再和妈妈去游乐园就来不及了。”

“哦，我明白了！”斑斑插嘴道，“如果一大早就和妈妈去游乐园，中途遇上下雨，也来不及赶回来和爸爸去动漫展了，是不是？”

“就是这样！”多多垂头丧气地回答。

名师讲堂

将不同的选择用数学表达出来最客观

生活中不可避免地要做选择：口袋里的零用钱是用来买零食还是买漫画？这次测验是着重复习数学还是着重复习语文？往往你想选这个，却又放不下另一个，结果最后两头都落空，这可怎么办？

别着急，用数学来做生活中的选择题，会让你再也不困惑。并且用数学表达出来的结果一目了然，也最客观。

用数学做选择三部曲

1. 列出所有的选择。对于多多来说，他的选择只有两个，一个是和妈妈去游乐园，另一个是和爸爸去动漫展。

2. 列出各个选择导致的不同结果，并且估计它们可能性的大小。比方说，去游乐园，有 40% 的可能性遇到下雨而无法玩到最刺激的室外项目，60% 的情况不会遇到下雨；而爸爸的火车有 30% 的可能性会晚点，也就是说去看动漫展的可能性是 70%。

3. 估计你对不同选择的偏好程度。比如多多更想去游乐园，如果把去游乐园和去动漫展在多多脑子里占的比例进行估计的话，去游乐园占了 60%。

4. 根据可能性的数据列表，计算。

选择	成功率	偏好程度	结果
去游乐场	60% 的可能会玩到所有项目	60%	60%×60%=0. 36
去动漫展	70% 的可能顺利去动漫展	40%	70%×40%=0. 28

同时考虑不同选择的成功率和自己的喜好程度，将各种可能性相乘。当然，得出的数值越大，就代表你越该选择这一项。

可能性的计算法则

比赛规则怎样制定才公平？考试分数应该多少分才合理？如果你想当生活中的法官，那么“可能性”会是你最好用的武器，因为它能帮你计算出生活中所有的事情。

当然，前提是你有足够的计算能力啦！

生活场景

多多 vs 数学老师

多多挑战数学老师，当然不是挑战数学题，而是挑战乒乓球，双方还约定谁赢了就能向对方提一个要求。多多曾经和数学老师打过 10 局乒乓球，赢了 6 局，可以说优势不大。那么这次比赛多多应该选择 3 局 2 胜制还是 5 局 3 胜制呢？

我赢数学老师的可能性，也就是我的胜率是 $6 \div 10 = 60\%$

如果是 3 局 2 胜，则相当于胜率是 $2 \div 3 = 66.67\%$

而 5 局 3 胜，相当于胜率是 $3 \div 5 = 60\%$

很明显，5 局 3 胜就是我的水平嘛！

名师讲堂

描述一件事情发生的可能性，可以用百分数或分数简单表示，这在前面已经说过了。但是，如何表述两件或两件以上的事情发生的可能性呢？我们以两件事情为例，通常需要描述的基本情况只有两种：一是两件事情同时发生（或不发生）；二是两件事情至少有一件发生。

两件事情同时发生，可能性是各自独立发生的可能性的乘积

天气预报说，明天有 50% 的可能性会下暴雨，如果下暴雨，学校有 50% 的可能性会停课 1 天，那么多多不上课的可能性是多少？

计算过程：

既要下暴雨，又要不上课，也就是两件事同时发生啦，这个愿望实现的可能性为 $50\% \times 50\% = 25\%$。

两件事情至少有一件发生的可能性，是各自独立发生的可能性之和

多多妈妈今天买苹果回家的可能性是 20%，多多爸爸今天买橙子回家的可能性是 60%，那么多多今晚有水果吃的可能性是多少？

计算过程：

不论是妈妈买苹果，还是爸爸买橙子，多多都有水果吃。因此这里是求至少有一件事情发生的可能性。因此多多有水果吃的可能性是 $20\% + 60\% = 80\%$。

多多的倒霉定律

如果有倒霉的可能性，那么事情往往都会往倒霉的那一方面发展，你有没有这样的感受呢？不管你有没有，至少多多今天是够倒霉了。

场景一

多多今天又迟到了，上课了好半天他才满头大汗地跑到教室门口，并且头发乱七八糟，衣服扣子也扣歪了，袜子还扎在裤脚外面……全班同学看见多多这么一副狼狈样，都哄堂大笑起来。然而更狼狈的是，多多扎在裤脚外面的袜子，还是一只黑的，一只白的！

多多自己也不好意思了："我本来有一双黑袜子和一双白袜子，每天换着穿，可是今天早上起床之后，发现不见了两只，偏偏还是颜色不一样的……"

名师讲堂

俗话说："屋漏偏逢连阴雨，船迟又遇打头风。"一件倒霉的事情发生，往往会导致另一件更倒霉的事情发生，这其中有什么数学道理吗？

用数学证明多多的祸不单行

倒霉事件一：多多慌忙中不见了两只袜子。

引发的倒霉事件二：不见的袜子还是颜色不一样的，结果多多只能穿颜色不一样的袜子上学。

多多一共有 4 只袜子，我们可以将它们编上代码：黑 1、黑 2、白 1、白 2。

那么，如果有两只袜子不见了，会出现哪些情况呢？

① 不见了黑 1、黑 2

② 不见了黑 1、白 1

③ 不见了黑 1、白 2

④ 不见了黑 2、白 1

⑤ 不见了黑 2、白 2

⑥ 不见了白 1、白 2

那么，不见了的袜子是同一种颜色的情况只有 2 种，而不同颜色的情况则有 4 种，也就是说，不见了不同颜色的袜子的可能性是同色袜子的可能性的 2 倍！

场景二

多多今天又忘记带铅笔了，只好中午去超市买。

“真倒霉，今天中午超市人真多，排的队这么长，要是下午再迟到，我都没脸走进教室了。还有啊，为什么我总是发现边上的队伍更快？我肯定是世界上最倒霉的人！”多多觉得自己今天倒霉透了。

名师讲堂

多多今天确实够倒霉的，但是，真的是因为他天生运气不好吗？还是用数学来说话吧。

通常大型超市的收银台都会并列着很多个，那么与你相邻的队伍就会有 2 支。在这 3 支队伍里面，你的队伍最快的可能性是$\frac{1}{3}$，也就是说，有另外$\frac{2}{3}$的可能性是，紧挨着你的一支队伍更快，尤其在你着急赶时间的时候，这支队伍会更加刺激你本来就很焦躁的神经。

计算可能性能指导决策

不管可能性是不是有它倒霉的一面，生活都得照样继续。“知己知彼者，百战不殆。”只有把所有倒霉的可能性和走运的可能性都计算出来，我们才能胸有成竹地做出决定。

场景

“多多，你这段时间怎么不迟到了？”同桌好奇地问多多。

“哎呀！你怎么说得好像我迟到才正常似的。”多多假装听不懂，“我可是回家认真计算过，选择了一条最省时间的路线来上学，所以这段时间才没有迟到。”

“奇怪了，你都上了这么多年学了，难道一直都不知道哪条路最近？”同桌不相信。

“太惭愧了，以前上学都没带大脑啊！”多多自嘲道。

多多的交通路线数学分析

多多家离学校 8 千米，想要步行上学是不可能的，只能选择交通工具。

交通方案 1：地铁

多多必须在 8：30 以前赶到学校才不会迟到，而地铁是最准点的交通工具。多多乘地铁上学总共经过 4 站，平均每站需要行驶 3 分钟。但是，中途需要换乘，在 7：30 到 9：00 这个时间段，换乘时间 90% 的情况下为 30 分钟，10% 为 15 分钟。

计算过程：

这是换乘最少，意外状况也最少的一种交通方案，是不是时间也最短呢？

路上需要的时间 = 地铁行驶的时间 + 换乘时间

地铁行驶的时间 $=4\times3=12$（分）

换乘的时间 = 两种可能性的和 $=30\times90\%+15\times10\%=28.5$（分）

总时间 $=12+28.5=40.5$（分）

换乘的时间有可能是15分钟，也有可能是30分钟，到底应该取哪一个呢？

既然告诉了两种时间所占的可能性，那么把时间分别乘这两种可能性，然后求和，就知道平均换乘时间啦！

交通方案2：公交车

多多坐家门口的公交车上学，如果不堵车需要35分钟，如果堵车需要50分钟。堵车的可能性为40%。

计算过程：

公交车行驶的时间 $= 35\times60\% + 50\times40\% = 21 + 20 = 41$（分）

交通方案3：地铁+公交车

多多先坐地铁经过4站，平均每站3分钟，换乘时间固定为5分钟，从不同站点下车后再换公交车去学校。等待公交车的时间70%为3分钟，30%为7分钟。公交车行驶的时间为8分钟。

计算过程：

地铁行驶的时间 $=4\times3=12$（分）

换乘的时间 =5分

等公交的时间 $=3\times70\%+7\times30\%=4.2$（分）

公交车行驶的时间 =8分

总时间 $=12+5+4.2+8=29.2$（分）

多多教你用可能性推导九宫格

有什么游戏是完全用数字的可能性来玩的呢？别告诉我你还不知道九宫格数独，那你可真是落伍了！

什么是九宫格数独

九宫格数独是一种全面锻炼玩家观察能力和推理能力的数字游戏，虽然玩法简单，但是变化繁多，让人百玩不厌，想让你的大脑做体操吗？那就赶紧来玩数独吧！

九宫格数独规则

九宫格是一个 9×9 的正方形格子，这个 9×9 的格子又分成 9 个 3×3 的“宫”。在这 81 个格子中，会给出一些数字作为已知条件，然后需要玩家填满其余的空格。

下面我们就来玩一个九宫格数独的数字推理游戏吧！

填空必须满足：

1. 每个“宫”里面，1×9 都只出现 1 次；
2. 每一行里面，1×9 都只出现 1 次；
3. 每一列里面，1×9 都只出现 1 次。

下面是一个九宫格，里面已经给出了一些数字，并且编好了 1×9 列与 A×I 行，便于你查找。

推理 1：首先我们来看第 A 行，也就是图中绿色的这一行，因为它必须

	1	2	3	4	5	6	7	8	9
A	5	×	×	7		2	×	9	8
B	2								
C			6		5			1	
D			2	6			9		
E	1			8	2	5			4
F			5			7			
G		2		5	4		6		
H				2	7				9
I	4	5		1		6			7

具备 1×9 这些数字，显然空格处应该是 1、3、4、6。由于第一宫（A×C 行，1×3 列这 9 个格子，图中标了黄色的这一宫）中已经有了数字 6，并且第 7 列（蓝色的那一列）中也有了数字 6，根据不重复的原则，A 行中标明了“×”的地方都不能填 6，那么就只剩下 1 种可能——第 A 行第 5 格应该填 6。

推理 2：再看第 1 列和第 2 列，都出现了数字 2，那么第 3 列中的数字 2 必定不会出现在这两个 2 所在的两宫，那就只可能出现在 D×F 行。又因为 E 行已经出现过数字 2 了，第 3 列的 F 行已经被数字 5 占据了，所以第 3 列的数字 2，只可能出现在 D 行（蓝色字所示）。

推理 3：根据推理 2 同样的原理，可以先推出 H 行第 4 列是数字 2，再推导出它上面是数字 5，右边是数字 7。

名师讲堂

上面的推理方法被称作直观法，就是通过观察，然后对数字进行分析，再推导出每个空格里面应该填的数字。这是一种相对简单且最常用的方法，用这种方法来玩数独游戏，乐趣也是最明显的。

牛刀小试

你能填完下面的九宫格吗？

	1	2	3	4	5	6	7	8	9
A		2		6				1	3
B	8		5						9
C		6			4		7	2	8
D	7						6		
E		1					8	5	
F		9		5	2			7	
G						7	2		
H	5					2	9	3	6
I	6	3	2	8				4	

7			9		4	8		5
3		4	6	2			9	
9	2	8	1	5		6		
2	1		5	4		3		
4	8						1	6
		6		8	1		4	
		5			2	4	8	3
	3			9	5	7		1
		7	8		3			9

	4	9			6	7	5	
		6	2	4		9	3	8
2	3	8		7		1		
	2		3	6				1
6	8		9		5		2	7
9				2	7		8	
		2		9		8	1	5
4	1	5		8	3	2		
	9	7	1			6	4	

4				8	3	5	6	1
9		1	7	6		3		
6	3		4	5	1		9	
8		4	2		9	1	5	
5	6	2				4	3	9
	1	9	5		6	7		8
	9		3	2	4		7	5
		5		7	8	9		3
7	8	3	1	9				2

答案

9	2	4	6	7	8	5	1	3
8	7	5	2	3	1	4	6	9
3	6	1	9	4	5	7	2	8
7	5	3	1	8	4	6	9	2
2	1	6	7	9	3	8	5	4
4	9	8	5	2	6	3	7	1
1	4	9	3	6	7	2	8	5
5	8	7	4	1	2	9	3	6
6	3	2	8	5	9	1	4	7

7	6	1	9	3	4	8	2	5
3	5	4	6	2	8	1	9	7
9	2	8	1	5	7	6	3	4
2	1	9	5	4	6	3	7	8
4	8	3	2	7	9	5	1	6
5	7	6	3	8	1	9	4	2
1	9	5	7	6	2	4	8	3
8	3	2	4	9	5	7	6	1
6	4	7	8	1	3	2	5	9

1	4	9	8	3	6	7	5	2
5	7	6	2	4	1	9	3	8
2	3	8	5	7	9	1	6	4
7	2	4	3	6	8	5	9	1
6	8	3	9	1	5	4	2	7
9	5	1	4	2	7	3	8	6
3	6	2	7	9	4	8	1	5
4	1	5	6	8	3	2	7	9
8	9	7	1	5	2	6	4	3

4	2	7	9	8	3	5	6	1
9	5	1	7	6	2	3	8	4
6	3	8	4	5	1	2	9	7
8	7	4	2	3	9	1	5	6
5	6	2	8	1	7	4	3	9
3	1	9	5	4	6	7	2	8
1	9	6	3	2	4	8	7	5
2	4	5	6	7	8	9	1	3
7	8	3	1	9	5	6	4	2

决策者和预言家的秘密武器

战场上的决策者掌握着上百万人的生死，市场上的决策者控制着上千万人的钱包，他们靠什么运筹帷幄？小到日常游戏，大到金融动荡，他们凭什么未卜先知？和名师一起来探寻他们的秘密武器吧。

如何决定赔偿金？

根据保险公司调查员统计，一位 40 岁的身体健康的人，在 5 年内仍然活着的可能性为 99.9%，意外身亡的可能性为 0.1%。保险公司决定开办 5 年期人寿保险，投保者需交保险费 100 元，若 5 年内投保者意外身亡，则保险公司赔偿 x 元，且赔偿金额 x 必须尽可能多的大于保险费才能吸引投保者，而保险公司必须保证 20% 的利润才能正常运行，请问，决策者该如何确定保单的赔偿金 x 呢？

对于这个问题，我们首先从以下各方面来分析。

1. 投保人的结局只有两种可能性：A 投保人顺顺利利地活过 5 年；B 投保人在 5 年内意外身亡。

2. 可能性之间的联系：投保人要么在 5 年内好好活着，要么 5 年内死去，这两种可能性加起来等于 100%，绝对不会有第三种可能性。

3. 现实中的矛盾：赔偿金如果太少，投保人就不会来投保，保险公司就没法赚钱；赔偿金如果太多，保险公司就会亏本。

4. 平衡点：保险公司在赔付一些死亡的投保者后，仍然有 20% 的盈利。

然后我们假设保险公司卖出 n 份保险，在这 n 个人中，活着的有 $n\times99.9\%$ 人；死去的有 $n\times0.1\%$ 人。

此时公司收到的保险金为：$n \times 100$ 元；

公司赔付的金额为：$n \times 0.1\% \times x$ 元。

因为公司的利润率 =20%= 盈利 / 收到的保险金 =（收到的保险金－赔付的金额）/ 收到的保险金

所以，我们可得到方程（$n \times 100 - n \times 0.1\% \times x$）/ $n \times 100=20\%$

解得 x=80 000

即赔偿金定为 80 000 元是符合要求的。

多多的数学小锦囊

解决此类问题，一般可以从以下 3 点着手：

1. 找出“可能性”；
2. 分析“可能性”之间的矛盾与联系；
3. 根据“平衡点”列出方程。

如何制定评分标准？

老师喜欢在考试中出选择题，但他知道有些学生即使不知道哪个是正确答案也会随便选一个。于是老师想了一个办法，就是对每一个错误的答案倒扣若干分。假设每道选择题有五个答案，其中只有一个是正确的。在某次考试中，老师共出 20 题，每题 5 分，满分是 100 分。那么每一个错误答案应该倒扣多少分才合适呢？

名师讲堂

我们仍从 4 个方面来分析这个问题：

1. 乱猜的学生所选答案的可能性：因为任意一道选择题，都有 A、B、C、D、E 五个答案，而学生从中任选一个作为答案的可能性也就是五种。

2. 这些可能被猜到的答案之间存在的联系：A、B、C、D、E 五种答案是正确答案的可能性加起来等于 100%，因此任选一个是正确答案的可能性为 20%。

3. 现实中的矛盾：倒扣太多对学生不公平，但倒扣太少又起不了杜绝乱选的作用。

4. 平衡点：倒扣的分数，应该恰到好处，使乱选一通的学生一无所获。换句话说，如果学生完全靠运气的话，他的总分理论上应该是 0 分。

根据上面的分析，我们假设答错一题倒扣 x 分。

因为凭运气猜一个答案，答对的可能性为 20%，所以如果全部靠猜，理论上应该答对 $20\times20\%=4$（题），答错 $20-4=16$（题）。

根据这样选择的结果应该得 0 分，列出方程：

$4\times5-16\times x=0$

解得 $x=1.25$

因此，每答错一道题倒扣 1.25 分是合适的。

多多的数学小锦囊

针对此类问题，我们可以归纳出 3 条规律，依次是：

1. 找出事情发生后有多少种可能的结果；

2. 分析每种结果可能性的大小；

3. 根据平衡条件列出方程求解。

巧猜球赛过程

在一次足球比赛时，有人只知道最后的比赛结果，能猜出各个队进球的情况。怎么会这么神奇？想知道用什么方法吗？一起来看看吧！

一次足球比赛，有A、B、C、D四支球队参加，每两队都赛一场。按规则胜一场得2分，平一场得1分，负一场得0分。经过激烈的比赛后，结果出来了：B队得5分，C队得3分，A队得1分。所有场次共进9个球，B队进球最多，共进了4个球，C队共失3个球，D队一个球也没进。A队与C队进球数的比是2∶3。

听到以上报道后，球迷小小突然产生好奇：A队与B队进球数的比会是多少？各场比赛各队的进球情况究竟如何？

小小积极思考起来：

四个队每两队赛一场，共赛6场，每场两队的得分之和为2分，因此所有队比赛结束得分总和是2×6=12（分），D队得分是12－5－3－1=3（分），因为D队一球未进，那么该队与其他球队赛的三场都是平局。

现在，把比赛成绩用一张表格来表示：

球队	赛几场	胜	负	平	进球	失球	得分
A	3		2	1	2		1
B	3	2		1	4		5
C	3	1	1	1	3	3	3
D	3			3	0		3

每一队都赛三场，而B队得5分，可见B队一定胜两场平一场；A队得1分，

它一定是负两场平一场;C队胜了A队，一共得3分，一定是胜、平、负各一场。

C队与A队比赛，进球数是3∶2，C队只可能进3个球，A队进2个球，这一场共进5个球。B队进球数是4，又因为所有场次共进9个球，可见，C队和A队在其他场次都没有进球。

B队与D队踢平，D队又没进球，所以B队与D队比赛时也没有进球。B队进的4个球，一定是与C队或A队比赛时进的。

C队共失3球，与A队比赛失2球，因此与B队比赛失球3 － 2=1（个），比分是0∶1。4 － 1=3，B队与A队比赛进3球，比分是3∶0，所以A队与B队的比分是0∶3。

根据以上分析，各场比赛各队的进球情况如下表：

	A	B	C	D
A		（0，3）	（2，3）	（0，0）
B	（3，0）		（1，0）	（0，0）
C	（3，2）	（0，1）		（0，0）
D	（0，0）	（0，0）	（0，0）	

注:表中第4行第2列的（3,2）表示C队与A队那场比赛,C队进3个球，A队进2个球。其余类推。

书海拾贝

其实，这个足球比赛问题就是数学中的“推理问题”。我们要善于根据已经知道的一些事实，借助表格、字母、坐标等，推断出某些结果。生活中也有很多推理问题，等待我们去探索发现。推理常用的方法有：画图法、尝试推理法、排他法。

推理问题，可以帮助同学们拓展思维，变得越来越聪明。

第七章

大话数学

多多说“π”

我们平时计算有关圆的周长、面积时，都会用到圆周率，那你知道圆周率是怎么来的吗？

古时候的人认为圆是最神圣和完美的图形，因为不管从哪个角度看，它的形状都是一样的。后来人们发现，圆的周长与直径的比值是不变的，于是就开始计算圆周率了。

圆周率就是圆的周长除以直径的固定值，一般用 π 表示，π 是古希腊语中“周长”这个词的第一个字母。

古埃及人求圆周率的方法

因为圆的周长无法用尺测量，所以从前的人们为了求圆周率想了很多办法。历史上，最早有关圆周率的记载是在古埃及。古埃及人在沙岸上用棍子和绳子求圆周率，经过他们的测量，圆周率的比值是 $3+\frac{1}{7}$。

1. 先把绳子的一端固定在棍子上，然后用另一端画圆。

2. 再利用其他绳子量圆的直径。

3. 然后剪几根与圆的直径等长的绳子测量圆的周长。

4. 绕了 3 次之后还剩下直径长度的$\frac{1}{7}$。

阿基米德的计算方法

世界上第一个用数学方法计算出圆周率的人，是大约公元前 3 世纪时的希腊数学家阿基米德。他先在圆内和圆外分别画一个正六边形，然后，逐渐将圆形内外的正多边形的边数以 2 的倍数不断增加。

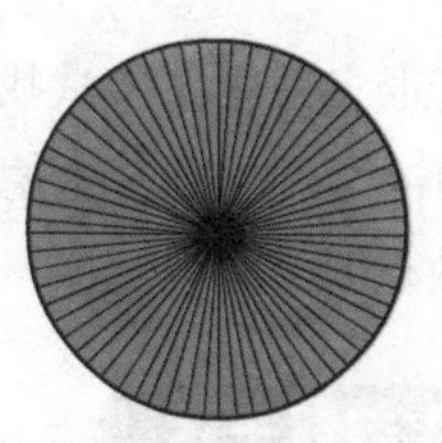

内接正九十六边形

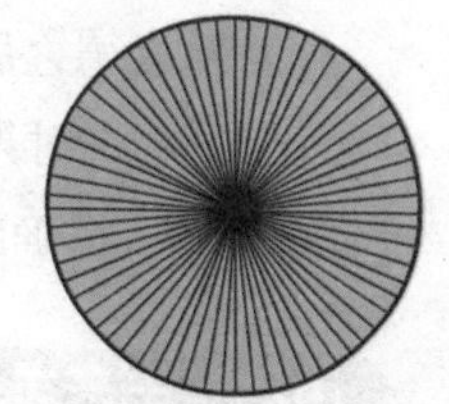

外切正九十六边形

因为圆的周长比圆内接正多边形的周长大，并且比圆外切正多边形的周长小。最后，当正多边形的边数增加到 96 时，阿基米德计算出了圆内外的九十六边形的周长，最后，他得出下面的结果：

$$\frac{223}{71} < \pi < \frac{22}{7}$$

将这个结果转化成小数，即圆周率比 3 .1408 大，比 3 .1429 小。阿基米德是历史上第一个计算出圆周率的值约为 3.14 的数学家。

中国古代数学中的圆周率

中国古代也有计算圆周率的记录。公元前 1 世纪，中国的古算书《周髀算经》中曾提出“径一而周三”的观点，即直径为 1 时，圆周就是 3。后来有人提出了以下的方法，证明了圆周率比 3 大。

先画一个半径为 1 的圆，然后在圆内画一个正六边形，该六边形由 6 个边长为 1 的等边三角形组成。

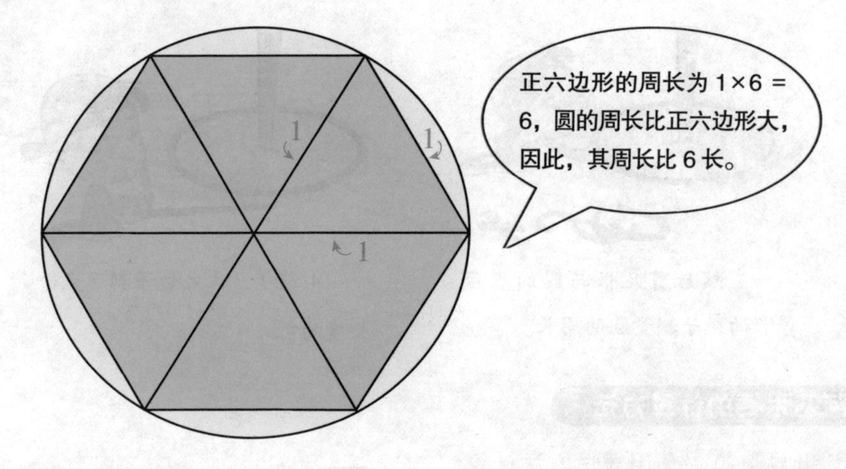

阿基米德之后，有很多数学家尝试找出更准确的圆周率。我国魏晋南北朝（220 — 589）时期的祖冲之利用阿基米德的多边形证明法，算出了圆周率约为 3.1415926，精确到小数点后第七位。

用尽一生来求圆周率的数学家

16 世纪时，德国数学家鲁道夫花了一辈子的时间来求圆周率，最后精确到小数点后第 35 位数。为了纪念这位伟大的数学家，德国人又把圆周率称为“鲁道夫数”。

随着科学技术的发展，现在计算圆周率多使用电脑程序，圆周率的准确性也越来越高。2002 年，日本数学家金田康正甚至把圆周率计算准确至 1241 100 000 000（即 1.2 兆）个小数位。假设 1 秒念出 4 个数字，也要约 1 万年才能把金田康正计算出的圆周率念完呢！

1 兆比 1 亿还要大 10 000 倍呢！因为圆周率小数点后的位数永无止境，永远无法求出来，因此我们平时的计算就以近似值 3.14 代表圆周率。

多多的数学窍门

与其背小数点后许多位，不如背 3.14 的整数倍有用，因为通常数学计算只要求圆周率精确到 3.14 就可以了。

$1\times3.14=3.14$

$2\times3.14=6.28$

$3\times3.14=9.42$

$4\times3.14=12.56$

$5\times3.14=15.7$

$6\times3.14=18.84$

$7\times3.14=21.98$

$8\times3.14=25.12$

$9\times3.14=28.26$

π 的其他倍数，通过这些值相加就能很容易得到。

音乐中的数学

将数学和物理、化学、建筑等联系起来一点儿也不奇怪，可数学居然和音乐也有关系，音符与音符之间也有数学关系，美妙的旋律是可以计算出来的，这都是真的吗？

发现音乐与数学有关，完全是因为有一天我上课开小差了……

那天我捡到了一根橡皮筋，上课的时候就拿它弹着玩，放心，我没有弹其他同学，只是用它弹声音玩。很快我就发现，不同长度的时候，橡皮筋的声音有高低不同的变化：绷得越紧，声音越高；绷得越松，声音越低，甚至没有声音。后来我又找了根绳子试了试，发现绳子越长，声音越低；绳子越短，声音越高。那么，琴弦是不是也一样呢？乐器的尺寸应该都符合这样的数学规律吧！

名师讲堂

多多上课开小差的行为应该被批评，可是他能发现音乐中的数学规律却是值得表扬的。

早在公元前 6 世纪，古希腊人毕达哥拉斯就发现了这个规律，他不仅仅发现了琴弦的长度和音高有关，还发现了它们是成比例关系的，从而推导出了和声与整数之间的关系，以及谐声是由长度成整数比的紧绷的琴弦发出的。

十二平均音阶与数学

最早用数学方法确定十二律的是我国的朱载堉。其中的数学方法叫作三分损益法，即第一个基准音确定之后，其他的 11 个音都能够通过三分损益法计算得出。

假设能发出基准音的乐器的长度为 81，那么第二个基准音的乐器长度就是 $81\times(1-\frac{1}{3})=54$，第三个音为 $54\times(1+\frac{1}{3})=72$，第四个音为 $72\times(1-\frac{1}{3})=48$……也就是依次减少三分之一，增加三分之一，直到得到全部 12 个音。

钢琴上的斐波那契数列

钢琴键盘上，两个相邻的 C 键之间的音阶是跨越了一个八度，这中间一共有 5 个黑色和 8 个白色一共 13 个键。黑色的分为两组，一组 2 个，一组 3 个。这些数恰好组成斐波那契数列开始的那一部分。

从蟋蟀叫声知温度

你有没有捉过蟋蟀？多多可没少捉，捉了就把它们放进小竹笼里，凉爽的晚上听着它们断断续续地鸣唱，星星都被唱得更亮了。

为什么蟋蟀的声音在你听起来这么适合当时的气氛呢？因为它们的叫声和当时的温度是满足数学关系 $t=(C+8)\times9\div8$ 的。

其中 C 代表蟋蟀每 15 秒钟叫的次数，t 代表当时的温度。怎么样，蟋蟀的叫声不仅好听，还能当温度计呢！

多多的蟋蟀 30 秒叫了 20 次，那么当时的温度是多少？

计算过程：

温度 $=[20\div(30\div15)+8]\times9\div8=20.25$（℃）

绘画中的数学

画是在纸上完成的艺术品，纸只是一个一个平面，但画却能表现出立体感，这是为什么呢？

多多的画

油画

名师讲堂

同样都是画，为什么差别这么大呢？

画中同样有房子，有人，油画中远近分明立体感很强，而多多的画仍然是一个平面。多多的画和那幅美丽的油画差在哪里？差在数学！

最早的画家们也和多多一样，不知道在平面上如何描绘出立体图形，后来粗略地知道了近大远小会使画面有立体感的道理，可是，近有多大，远又有多小呢？这个问题一直到数学家与画家合作发明了透视学之后，才有了明确的答案。

达·芬奇既是画家又是科学家

大家都知道达·芬奇是个伟大的画家，他画鸡蛋的故事估计大家也都在课本里学过了，而那幅经典的《蒙娜丽莎》更是无人不知无人不晓。可是有多少人知道，达·芬奇还是一个科学家呢？

很难想象一个人能够同时是画家、寓言家、雕塑家、发明家、哲学家、音乐家、医学家、生物学家、地理学家、建筑工程师和军事工程师，而达·芬奇就是这样的一个天才。正是这样的博学多才才能够让他广泛地研究与绘画有关的光学、数学、地质学、生物学等多种学科，于是绘画终于与数学等科学紧密联系了起来。

达·芬奇运用透视法将立体的空间在一张画布上（见右图）表现得淋漓尽致，你能否看出这其中的几何原理呢？

多多的数学小锦囊

绘画与数学的其他联系

数学不仅让画看起来有立体感，还能让画面的布局更和谐、线条更优美，这其中用到的黄金分割原理之前已经讲过了，另外还有对称和分形曲线等概念。

1. 对称是一种简单而庄重的美

天坛、故宫、泰姬陵、金字塔等美丽而宏伟的古建筑无一不利用了数学的对称原理。（如图 1、图 2）

2. 简单的分形

将一个等边三角形无限往下分，就变成了雪花。（如图 3）

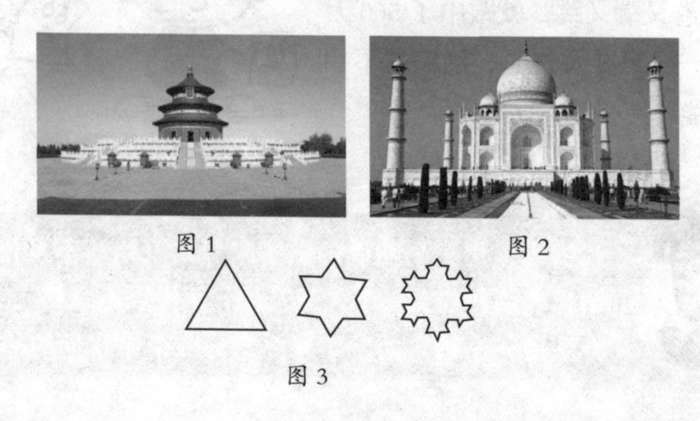

图 1　　图 2

图 3

多多趣谈模糊数学

数学家们努力求出圆周率的小数点后更多位的数字，工程师们力求把仪器做得更精确，会计师们争取弄清每一分钱花在了哪里……是不是数字越精确就越好呢？

也许你想不到，有时候在数字上糊涂一下，生活反而更美好呢！

二进制的对立面——模糊数学

用二进制可以表达生活中的许多事情，比如，如果 1 代表多多喜欢斑斑，那么 0 就代表多多不喜欢斑斑；如果 1 代表多多今天有零用钱，那么 0 就代表多多没有零用钱，二进制把生活中看似复杂的事情都简化成可以计算的简单算式，这是多么伟大的发明啊！可是，既然二进制这么好，能把事情表示得这么明白，为什么我们还要研究怎么把事情不精确不明白地用数学表示呢？

原因一：并不是所有的事情都能用精确的数字来表示

多多拿着 90 分的数学试卷一脸郁闷：还有人分数比我高呢，证明我的成绩不怎么样啊……而斑斑却拿着他只有 60 分的试卷又蹦又跳，就跟中了 500 万大奖似的——只要及格了，回家就不用挨骂了，能不高兴吗？

我们可以用一个明确的数字来界定及格与不及格，并用二进制代表两种结果（1 代表及格，0 代表不及格）。但是却没有办法用一个确定的数字来界定分数带给我们的心情。

原因二：有时候越模糊反而越精确

用二进制只能表示“及格”和“不及格”，而用模糊数学则能把成绩的分类分得更细致。比如全班的平均分是72分，那么分数稍高于72分的人可以称为成绩良好，稍低于72分的人可以称为成绩稍差。而高于85分的人只有3人，低于60分的人也只有3人，那么我们可以定义高于85分的成绩为优秀，低于60分的成绩为很差。

因为采用了模糊理论，反而让我们的标准更加精确了。

原因三：恰当地估算大概值让生活更轻松

多多帮爸爸整理院子，一共有148块废弃的砖头需要搬走。多多用自己的玩具小推车一次能运走10块砖头，那么多多要把所有的砖头都运完，需要跑多少趟呢？

如果只运14趟，就会还剩下8块砖头没有被运走；如果运15趟，最后一趟就只运了8块砖头。为了不考虑得这么麻烦，我们完全可以在一开始就把148近似地看成150，于是很容易得到需要运15趟。

多多的数学小锦囊

生活中常见的两个近似法

生活中很多时候不允许我们太精确，这时候四舍五入取个大概值是个好办法。四舍五入是相对于双方来说比较公平的一种做法。

四舍五入法就是将凡是小于5的部分都舍去,将大于或等于5的部分进一位。例如23. 49和23. 50，虽然它们只相差了0. 01，但是四舍五入成整数 之后，一个变成了23，一个变成了24。

四舍五入法

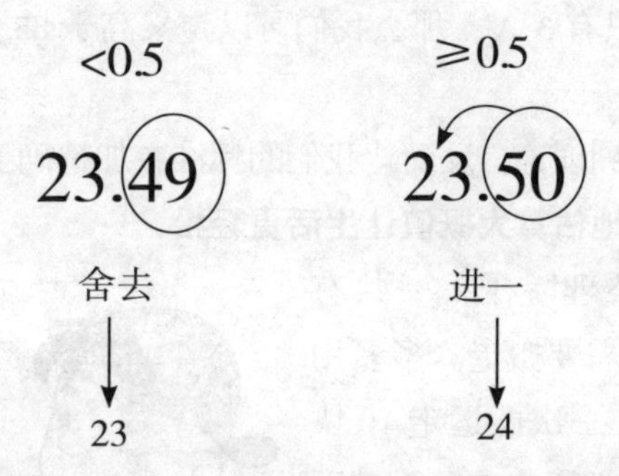

2. 进位法

进位法就是不论舍去部分是多少，都被看作是前一位的1，加到前一位上去。例如虽然23. 01和23. 99相差接近1，但是它们都被近似看作24。

进位法

不论是多少都直接进一位

为什么没有诺贝尔数学奖

传说诺贝尔年轻的时候曾经向一位女士求婚，然而这位女士却与一个数学家合伙欺骗了他的感情，于是诺贝尔从此讨厌数学家，所以在他设立的科学奖中没有数学奖。

名师讲堂

多多的解释当然只是一种传言，诺贝尔这样一个伟大的科学家，不会因为一点点私人恩怨而取消数学奖。想要知道为什么没有诺贝尔数学奖，还是得从了解诺贝尔这个人入手。

诺贝尔在结束求学生涯后，一直在父亲设在俄国的工厂里面从事科学研究和机械设计。回国之后，他又开始研究炸药，发明了无烟火药，是一位伟大的化学家。但在当时，化学的研究并不需要借助很高深的数学手段，诺贝尔的成功完全归功于他出众的直觉和创造力。当时的诺贝尔并不能预见几十年后数学在推动科学发展包括化学的进步中会起到重要的作用，因此没有诺贝尔数学奖也能够理解了。

数学界的诺贝尔奖

虽然诺贝尔没有设立数学奖，但数学家们也有他们的最高荣誉——被称为数学界中的诺贝尔奖的“菲尔兹奖”。

菲尔兹奖由加拿大的数学家菲尔兹设立。菲尔兹奖与诺贝尔奖不同的是，他对获奖科学家的年龄是有要求的，必须在 40 岁以下。因为根据科学研究，40 岁以下是科学家出成果的黄金时期。人们一旦超过 40 岁，脑力和创造力都会下降，很难再有伟大的科学成果了。所以立志当数学家的同学们，请把握好你们的分分秒秒吧，年轻的脑力是你们最大的资本！

让人眼花缭乱的数学

一些数和图形的变化很是特别，不停地循环出现，搞得人眼花缭乱。

漂亮的彩灯

多多和斑斑晚饭后去楼下的花园里散步，发现花园里小路的一侧挂满了彩灯，漂亮极了，而且还有颜色区别呢，红、紫、绿……好像很有规律的样子。多多看着彩灯，眼珠一转，对斑斑说："斑斑，花园里的这些彩灯真漂亮。在这些彩灯里，你知道第 26 盏灯是什么颜色的吗？"

斑斑说："这有什么难的，我一个接一个把它们画出来就知道了。瞧！这样我就能发现第 26 盏灯是紫色的。"

多多说："好在这些彩灯不多，我们可以画出来，如果彩灯的数量特别多，我们怎么办呢？还是一盏接一盏地画出来吗？那你就落伍了！"

名师讲堂

多多说得没错，数量少，我们画出来看一看就能知道灯的颜色。但数量太多的情况下，画就没什么作用了。其实只要找到这些彩灯的排列规律，再多的彩灯也能迅速知道是什么颜色的。

通过仔细观察，我们发现这些彩灯是按照红、紫、绿，红、紫、绿的规律排列的，每 3 盏彩灯为一组，并且每一组的第一盏彩灯都是红色的，第二盏彩灯都是紫色的，第三盏彩灯都是绿色的。

根据上图，我们不难发现：26 ÷ 3 = 8（组）……2（盏）。

余下的 2 盏彩灯里，第一盏彩灯和每组中的第一盏彩灯是一样的，也是红色；同理，第二盏彩灯和每组中的第二盏彩灯也是一样的，是紫色。也就是说余下的两盏彩灯分别是红色的和紫色的，所以第 26 盏彩灯是紫色的。

如果我们把红、紫、绿 3 盏彩灯看作一个周期，那么关键就看 26 包含整数个周期后还多几，多几就是下一个周期的第几个，也就是余数是几。

那么，第 24 盏彩灯会是什么颜色的？

24 盏彩灯，将每 3 盏彩灯看作一个周期，我们会发现第 24 盏彩灯（也就是第 8 组的第 3 盏彩灯）和第一组的第 3 盏彩灯的颜色是一样的，都是绿色的。

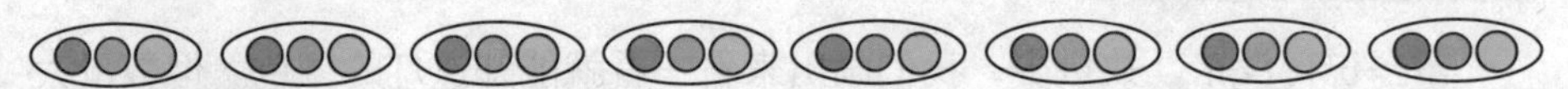

如果我们把红、紫、绿 3 盏彩灯看作一个周期，24 正好有整数个周期，结果就是周期里的最后一个，也就是刚好整除，即 $24 \div 3 = 8$（组），所以第 24 盏彩灯是绿色的。

【计算链接】

花园里的彩灯按照上面的规律排列，第 34 盏彩灯是什么颜色的？

计算过程：以 3 盏彩灯为一组，看作一个周期，看 34 里有几个 3，余下的是几就从红色开始数，即 $34 \div 3 = 11$（组）……1（盏），所以第 34 盏彩灯是红色的。

围棋子

多多和斑斑在下围棋，玩累了，他俩想做个游戏。多多用一些围棋子按照下面的规律排成一排，然后问斑斑前 44 个中有多少个黑棋子，多少个白棋子。

斑斑说："这下还真看不出这些围棋子是按照什么规律排列的，我得仔细地观察，只有找出规律，才能把这个题解决掉。"

斑斑说得对，只有找出规律，才能解决这个问题。下面给大家讲 3 种方法。

首先，如果去掉第一个白棋子，那么剩下的围棋子是按照 3 个黑的 2 个白的这样循环排列的，每 5 个为一个周期。（如下图所示）

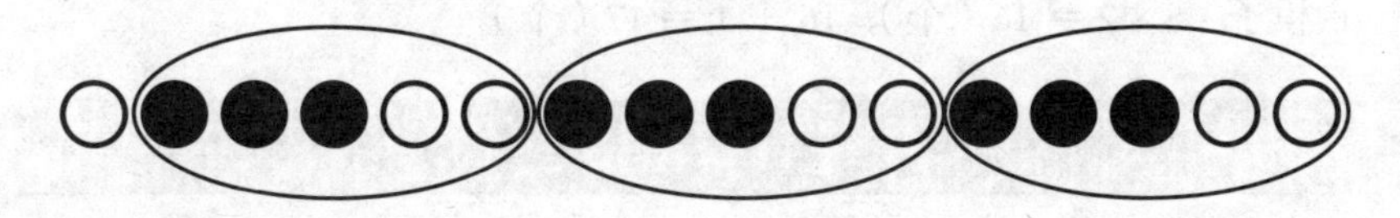

于是，44 − 1 = 43（个），43 ÷ 5 = 8（组）……3（个）。

那么，这 8 组中每组都有 3 个黑棋子和 2 个白棋子，而余下的 3 个都是黑棋子。

黑棋子：8 × 3 = 24（个），24 + 3 = 27（个）；

白棋子：8 × 2 = 16（个），再加上去掉的一个，16 + 1 = 17（个）。

其次，如果在这些围棋子的前面添上 1 个白棋子，那么现在的围棋子是按照 2 个白的 3 个黑的这样循环排列的，每 5 个为一个周期。（如下图所示）

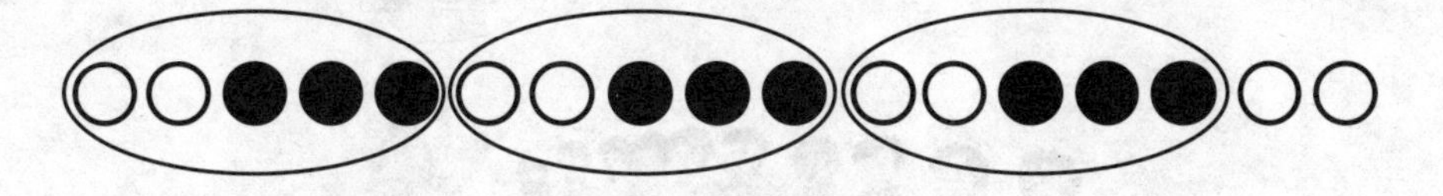

即 44 + 1 = 45（个），45 ÷ 5 = 9（组）。

这 9 组中每组有 2 个白棋子和 3 个黑棋子。

黑棋子：9 × 3 = 27（个）；

白棋子：9 × 2 = 18（个），再减去添上的一个，18 − 1 = 17（个）。

再次，这些围棋子实际上是按照 1 个白的 3 个黑的和 1 个白的这样的规律

循环排列的，每5个为一个周期，每个周期里仍是有3个黑的2个白的。（如下图所示）

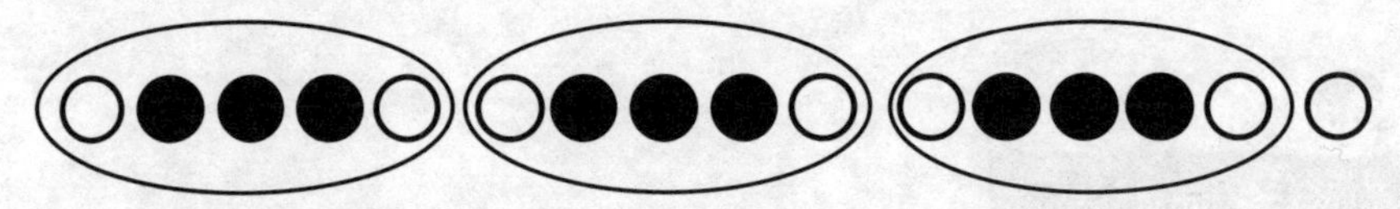

而44÷5＝8（组）……4（个）。

这8组中每组有3个黑棋子和2个白棋子，余下的4个是1个白棋子和3个黑棋子。

黑棋子：8×3＝24（个），24＋3＝27（个）；

白棋子：8×2＝16（个），16＋1＝17（个）。

【计算链接】

如下图，体育课上，26名男生站成一排，老师要求报“二”的同学向前走两步站成一队，这一队有多少人?

计算过程：很明显这些男生应以3人为一组，每组中报“二”的有1人。于是26÷3＝8(组)……2(人)，余下的2人中，报“一”的1人，报“二”的1人，所以报“二”的一共有8＋1＝9（人）。

不用数，也知道数目

从现在开始，只要学会了这个妙招，你就不用靠手指头去数那些令你心烦的数字了。

座位数的秘密

多多和同学们一起去看电影。刚来到电影院，多多就发现了一个奇怪的问题：电影院中的座位，后一排座位总比前一排多出一个，这是什么原因？为什么要做成这个样子呢？

多多看看斑斑，笑了笑说："这个原因很简单，就是为了美观，同时保证容纳足够的观众人数。"斑斑说："哈哈，多多就爱忽悠人，还是让我告诉你其中的道理吧！"

斑斑开始卖起了关子，它神秘地对多多说："你只要数出一共有多少排，并告诉我第一排有多少个座位，我马上就能告诉你最后一排有多少个座位。"多多一听，立刻数了数，第一排有 20 个座位，一共 18 排。斑斑马上告诉多多说最后一排是 37 个座位，简直太神奇了，斑斑是怎么知道的呢？

名师讲堂

其实，斑斑是运用数学知识算出来的。根据多多的描述，可知第一排有 20 个座位，以后每排比前一排多 1 个，第二排就有 21 个，第三排有 22 个，……一共有 18 排，那么最后一排就比第一排多出 $18-1=17$（个）座位，所以最后一排有 $20+17=37$（个）座位。

那么，电影院一共有多少个座位呢？别急着动手算，先来看看下面的内容，再算也不迟。

自然数 1 到 100，这组数中包含 100 个数，那么这 100 个数的和是多少呢？

我们可以这样算：

将 100 个数分成两组，1 到 50 为一组，50 到 100 为一组。

然后将两组对应的数相加，得到 $1+100=101$，$2+99=101$，$3+98=101$，…，$49+52=101$，$50+51=101$。

一共是 50 组，每组的和都是 101，那么求这些数的和就是求 50 个 101 相加，也就是 $50\times101=5\,050$。如果你学了乘法的知识，算起来就会更简单了。

以后再遇到这种有规律的数字相加求和的题目，你就可以采用**分组、首尾相加、最后求和**的方法来计算结果，方便又快捷！

想要计算电影院一共有多少个座位，我们先来将这 18 排座位分组。

1 到 9 排为一组，10 到 18 排为一组，每组都是 9 排座位，再对应加起来。

第 1 排加第 18 排，第 2 排加第 17 排，……，第 9 排加第 10 排，每一组都有 $20+37=57$（个）座位，9 个 57 相加，一共是 $9\times57=513$（个）座位。

怎么样，用这个方法简单多了吧，如果你一个数一个数地去加，不知道要算到猴年马月。

美丽的花池

多多他们真幸运，正好赶上了电影首映礼。瞧，电影院的大厅里，摆出了各种美丽的花。为了好看，这些花被摆成了一个大三角形花池。（如下图所示）第1排摆1盆花，以后每排比前一排多摆2盆，一共摆了10排，那么这个花池一共有多少盆花呢？

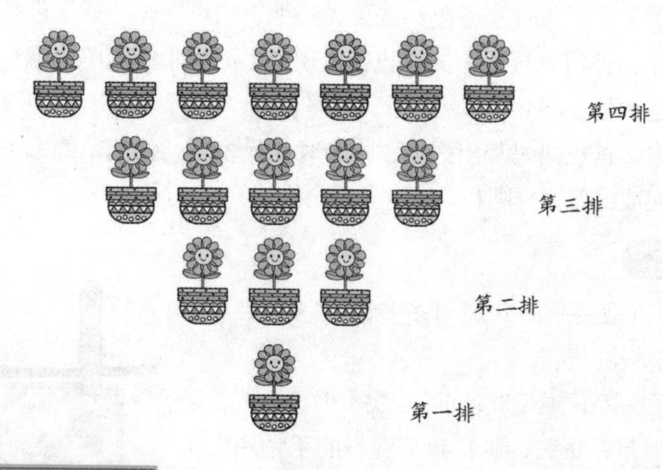

名师讲堂

按照前面的思路，第1排1盆，以后每排都比前一排多2盆，那么第10排就比第1排多出 $10-1=9$（个）2盆的花，也就是18盆花。所以第10排摆了 $18+1=19$（盆）花。

这个小花池一共有多少盆花呢？按照前面的思路，将这10排花分成两组，前5排为一组，后5排为一组，对应加起来：第1排加第10排，第2排加第9排，……，第5排加第6排，每一组都有 $1+19=20$（盆）花，一共是5个20相加，也就是有100盆花。

哈哈，有了这个方法，以后再遇到类似的问题肯定难不倒我！

多多边做家务边学数学

你帮爸爸、妈妈干过家务吗？洗碗、扫地、倒垃圾……如果你是一个会干家务的小能手，你留意过干家务时也会出现许多的数学问题吗？瞧！我们的小机灵多多就注意到了。

今天周末，爸爸妈妈都出去了，临走时交代多多几件简单的家务事，看看我们的多多完成得怎么样吧！

巧晾手帕

看着盆里的脏手帕，斑斑对多多说："多多，把家里的脏手帕洗一洗吧。"

多多看了一眼，说："没问题，我不但负责洗，还要晾起来。但是，斑斑，瞧！我把洗好的手帕用夹子夹好，夹的时候，手帕的左边夹一个夹子，右边夹一个夹子（如右图），我们要晾 4 块手帕，最少需要几个夹子？"

嘿嘿，聪明的你想到了吗？你知道晾手帕夹夹子中用到那些数学知识了吗？赶快来找找其的奥秘吧。

方法一：一块一块地夹。

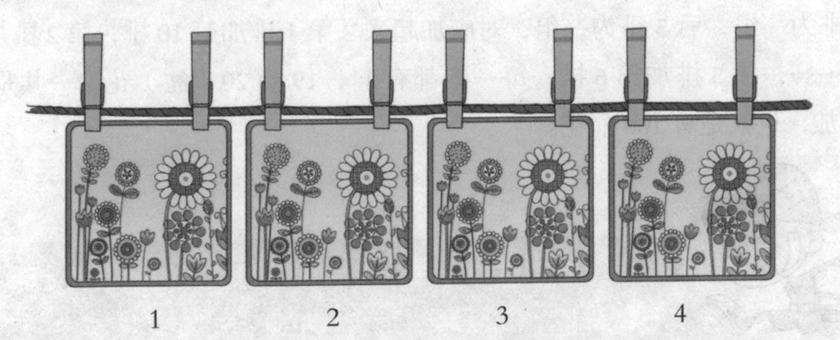

每夹一块手帕需要 2 个夹子，夹 4 块手帕就需要 2×4 = 8（个），一共用了 8 个夹子。

方法二：两块两块地夹。

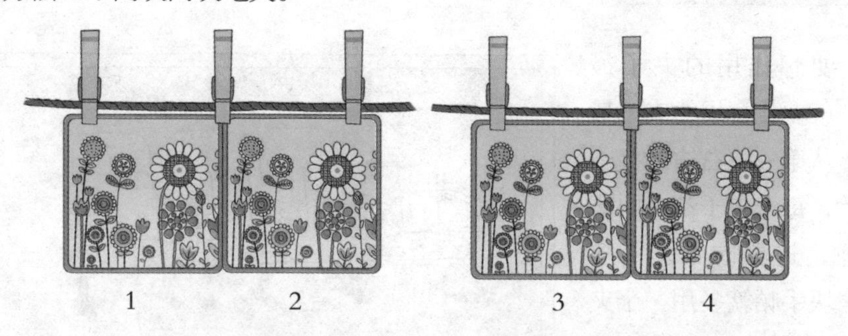

第一块手帕和第二块手帕合用同一个夹子，这样夹两块手帕就用了 3 个夹子；后边两块手帕也这样用夹子夹住，夹 4 块手帕就用了 3×2 = 6（个），一共需要 6 个夹子。

方法三：一块接着一块地夹。

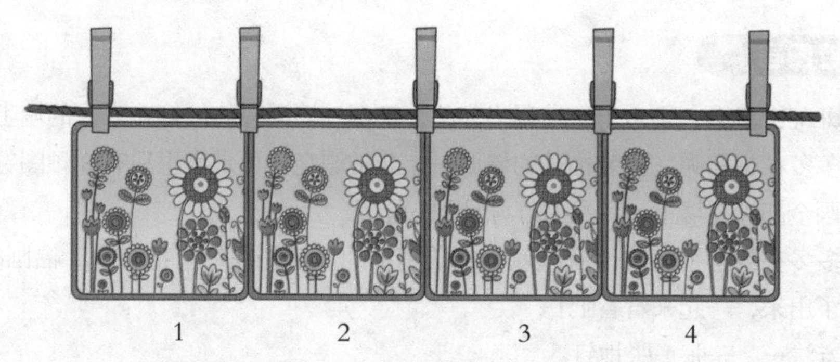

先在第一块的左边夹上夹子，再在第一块的右边夹夹子，同时夹住第二块的左边；夹第二块右边的同时夹上第三块的左边；依此类推夹上每一块手帕，这样夹 4 块手帕就用了 2 + 1 + 1 + 1 = 5（个），一共用了 5 个夹子。

5 个 <6 个 <8 个，所以一块接一块地夹，用的夹子最少。

名师讲堂

要想让用的夹子最少，就要让合用的夹子最多，从第一块右边的夹子开始，每个夹子都夹两块手帕，这样的话，每多夹一块手帕就多用一个夹子，你发现这个规律了吗？赶快用下面这道题练练手吧！

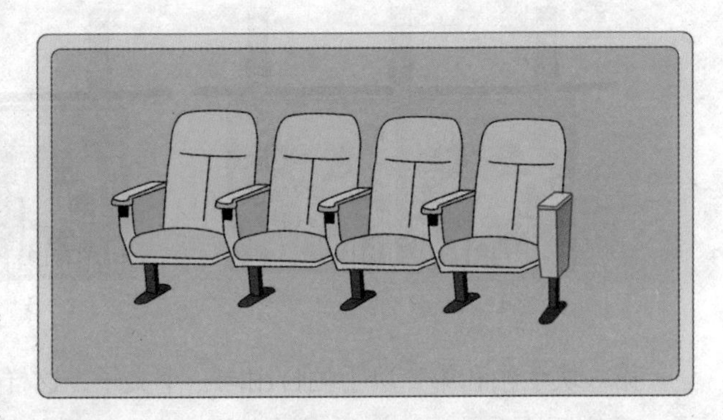

电影院里每2把椅子之间有1个扶手（如图），8把椅子一共有几个扶手？

智钉图画

斑斑："多多，别忘了爸爸嘱咐你的，把那3幅漂亮的画钉在客厅的墙上！"

多多："记着呢。我装饰过的墙面一定非常漂亮！可是家里只有8颗图钉了，要把画全部钉在墙上，我可要好好计划一下。"

多多在数学上还是很有天赋和钻研精神的，他先在纸上把钉这3幅画的方法画了出来，一起来看看吧！

方法一：一张一张地钉。

每幅画需要4颗图钉，3幅画共需要 $4\times3=12$（颗），一共需要12颗图钉。

方法二：重叠一个角钉。

钉上面 2 幅画各需要 4 颗图钉，钉下面 1 幅画因为有 2 个角和上面的画的角重叠在一起，所以只用 2 颗图钉，$4\times2+2=10$（颗），一共用了 10 颗图钉。

方法三：重叠两个角钉。

先钉第一幅左面的 2 颗图钉，再把第二幅的左面的 2 个角和第一幅的右面 2 个角重叠在一起钉，也需要 2 颗图钉；第三幅按照同样的方法钉，$4+2+2=8$（颗），一共需要 8 颗图钉。

哈哈，看来第三种方法才能保障图钉够用。就这么钉！

多多的数学小锦囊

把 2 幅图画重叠 2 个角来钉，就会节省 2 个图钉，所以每多钉 1 幅画就只多用 2 个图钉。小朋友，你在解决问题的时候也可以借鉴这个方法呀。

数不清的鸡蛋

一天，多多自告奋勇地去市场上买鸡蛋。在市场上，多多充分发挥了自己的数学特长，最终他按重量买回来一箱鸡蛋。当他将这一箱鸡蛋搬回家时，忽然想数一数这一箱鸡蛋有多少个。但不知怎的，可能是他的数学特长卡壳了，一连数了几遍，总是数不清。多多嘴里不停地说：“咦！”

那么，他是怎样数的呢？

原来，多多先是两个两个地把鸡蛋从硬纸箱里拿出来，放到地上，最后还剩一个。这时他才发现忘记数拿过多少次了，只好抓抓头，说一声：“咦！”

不过多多并没泄气，他继续把全放在地上的鸡蛋，三个三个地往纸箱里放，最后还是剩一个。不巧的是，多多这次还是忘了记次数，只好还是抓抓头，说一声：“咦！”

这点小问题怎么能难倒多多呢？只见他揉揉脸，甩甩胳膊，说声“继续数”，就又开始他的数鸡蛋大业了。这次，他将全放在纸箱里的鸡蛋，四个四个地往地上搬，最后又是剩一个。可惜，这次开始他还记着次数，中间就已经搞乱了，结果……只好又抓抓头，说一声：“咦！”

这算什么，就当是训练自己的耐性了。多多喝了口水，把全放在地上的鸡蛋再数一遍。这一次，他是六个六个地往纸箱里放，结果不变，还是剩一个鸡蛋。不过，也许是太闷了，居然又忘记次数了。无奈的多多也只能是抓抓头，说一声："咦！"

好在鸡蛋的个数不多。坚持一下，再把全放在纸箱里的鸡蛋搬出来数。这次多多七个七个地数出来往地上搬，数到最后，他长出一口气，说："终于刚好一个也不剩！……咦！"

哎呀，又忘记数搬过多少次了，悲催的多多也只能再一次抓抓头，表示自己的无奈。

真是数不清的鸡蛋哪！

既然鸡蛋这么难数，就让我们来帮帮忙，算一算多多买了多少个鸡蛋吧。

名师讲堂

根据多多数鸡蛋的过程，我们可以得到每次数 2 个、每次数 3 个、每次数 4 个、每次数 6 个，数到最后总是剩 1 个。所以，如果从全部鸡蛋里暂时拿走 1 个，剩下的鸡蛋个数应该同时是 2 的倍数、3 的倍数、4 的倍数和 6 的倍数。2、3、4、6 这四个数的最小公倍数是 12，由此可见，从鸡蛋总数里减去 1，所得的差一定是 12 的倍数。因而鸡蛋总数应等于 12 的某个倍数加上 1，这些数从小往大排列，依次是 13、25、37、49……

又因为全部鸡蛋每次数 7 个刚好数完，所以鸡蛋总数还应该是 7 的倍数，因此鸡蛋的总数至少是 49 个。我们结合实际情况，可以得知鸡蛋的个数不会太多，因此我们能推断出，多多买回来的鸡蛋一共是 49 个。

多多追问

听了老师的解释，多多并没有显出高兴的神色，他摇摇手说："我买的鸡蛋虽然不是很多，但是绝不止 50 个。"

那么，多多至少买了多少个鸡蛋呢？